IT kompakt

Werke der „kompakt-Reihe" zu wichtigen Konzepten und Technologien
der IT-Branche:

- ermöglichen einen raschen Einstieg,
- bieten einen fundierten Überblick,
- sind praxisorientiert, aktuell und immer ihren Preis wert.

Weitere Titel der Reihe siehe: http://www.springer.com/series/8297.

Weitere Bände dieser Reihe finden Sie unter
http://www.springer.com/series/8297

Wolfgang W. Osterhage

Mathematische Algorithmen und Computer-Performance kompakt

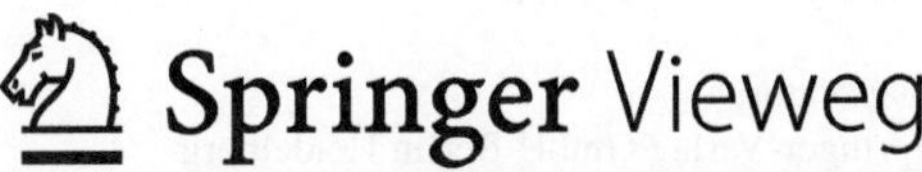

Wolfgang W. Osterhage
Wachtberg-Niederbachem, Deutschland

IT kompakt
ISBN 978-3-662-47447-1   ISBN 978-3-662-47448-8 (eBook)
DOI 10.1007/978-3-662-47448-8

Die Deutsche Nationalbibliothek verzeichnet diese Publikation in der Deutschen Na-
tionalbibliografie; detaillierte bibliografische Daten sind im Internet über http://dnb.d-
nb.de abrufbar.

Springer Vieweg

Gedruckt auf säurefreiem und chlorfrei gebleichtem Papier.

Springer Vieweg ist Teil von Springer Nature
Die eingetragene Gesellschaft ist Springer-Verlag GmbH Berlin Heidelberg

Vorwort

Dieses Buch entstand aus einer Sammlung disparater Artikel, die allesamt etwas mit dem Thema Computer-Performance zu tun hatten. Da bereits ein umfassendes Werk zur Performance allgemein (s. Quellenangaben) vorlag, bestand die Herausforderung darin, sozusagen als verspätetes Supplement, diese Aspekte zusammenzutragen und in eine akzeptable Form zu bringen. Das Besondere an diesem Werk ist die Tatsache, dass es zwei ungewöhnliche, noch nicht veröffentlichte Algorithmen enthält, die sich auf dem Gebiet der Performance-Optimierung erst noch bewähren müssen. Wir hoffen, dafür das Interesse von Software- und Hardware-Architekten geweckt zu haben.

An dieser Stelle gilt mein besonderer Dank wie immer der Springer-Redaktion, insbesondere Herrn Engesser, Frau Glaunsinger und Frau Fischer für ihre geduldige Unterstützung dieses Projekts.

Mai 2016   Dr. Wolfgang Osterhage

Inhaltsverzeichnis

Einleitung 1

Dieses Buch behandelt das Thema Performance nicht unter allgemeinen Gesichtspunkten und auch nicht vollständig. Es geht dabei um ausgesuchte Ansätze, wie unter bestimmten Bedingungen bestimmte Performance-Aspekte verbessert werden können. Das bedeutet, dass – im Gegensatz zu anderen Werken (s. Quellenangaben am Ende des Buches) – z. B. Gesichtspunkte von Prozess-Performance überhaupt nicht in Erscheinung treten. Das Buch ist sehr technisch gehalten und ist zum Teil spekulativ.

Nach einem einführenden Kapitel, das sich mit den Grundsätzen der Computer-Performance auseinandersetzt und einen weiten Überblick gibt, folgen drei Kapitel, die sich jeweils mit konkreten Algorithmen befassen, die unter Performance-Gesichtspunkten eine Rolle spielen (können):

- Symbolic Execution (SE),
- Search-Based Automated Structural Testing (SBST),
- Erhaltungszahlen als Instrumente von Soft Computing,
- Sprungtransformationen.

SE und SBST sind etablierte Methoden im automatisierten Testen von komplexer Software. Sie sind relevant, um Performance während umfangreicher Tests zu gewährleisten bzw. zu optimieren. Das Konzept von den Erhaltungszahlen ist ein neuer Ansatz im Rahmen von Soft

© Springer-Verlag Berlin Heidelberg 2016

W. W. Osterhage, *Mathematische Algorithmen und Computer-Performance kompakt*, IT kompakt, DOI 10.1007/978-3-662-47448-8_1

Computing und bietet sich für komplexe mathematische Anwendungen an, beispielsweise für theoretische Modellrechnungen oder Simulationen im technisch-wissenschaftlichen Bereich. Sprungtransformationen sind ebenfalls ein neuer Algorithmus, mit dem auf Grund von Transformationsgrenzen überlappende Zahlenräume generiert werden können, die bei der Auslegung von Hauptspeichern genutzt werden könnten, konkurrierende Adressräume innerhalb ein und desselben Speichers zu schaffen.

Computer-Performance allgemein 2

2.1 Begrifflichkeiten

Das Thema Performance-Optimierung gliedert sich in drei Hauptteile:

- System-Performance,
- Anwendungs-Performance und
- Prozess-Performance.

Für alle drei Bereiche existieren wiederum (Abb. 2.1):

- Theorie,
- Messung,
- Analyse und
- Optimierung.

2.2 Drei Ebenen

Wenn von Performance die Rede ist, wird sehr häufig implizit nur die System-Performance gemeint – oder noch mehr vereinfacht: die Leistungsfähigkeit der Hardware, sprich Prozessor und Hauptspeicher. Das ist mit ein Grund dafür, dass das Thema Performance in den zurück liegenden Jahren vernachlässigt worden ist. Hardware wurde irgendwann

© Springer-Verlag Berlin Heidelberg 2016
W. W. Osterhage, *Mathematische Algorithmen und Computer-Performance
kompakt*, IT kompakt, DOI 10.1007/978-3-662-47448-8_2

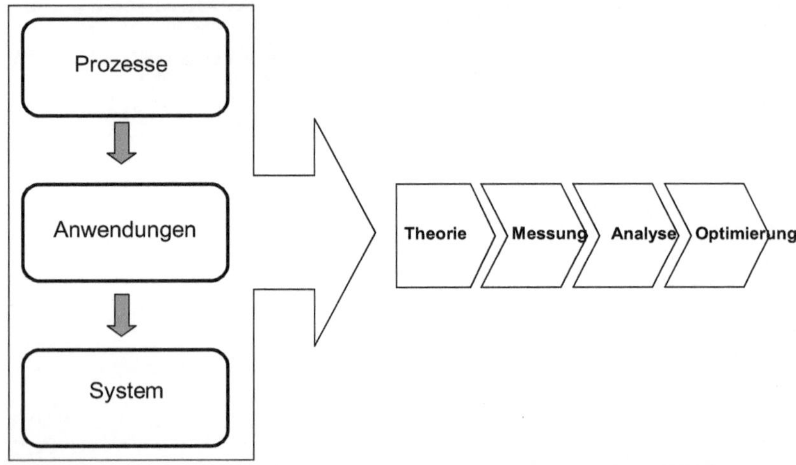

Abb. 2.1 Performance-Dimensionen

so billig, dass sich programmtechnische Optimierungen nicht mehr zu lohnen schienen, da Manpower eben im Verhältnis zu teuer geworden war. Man kaufte Hardware und Erweiterungen dazu, und schon liefen die Systeme wieder schneller. Oder man war von vornherein so ausgestattet, dass Performance-Probleme einfach nicht auftreten sollten.

Die Enduser-Erfahrungen jedoch sprachen immer schon eine andere Sprache. Nach wie spielt negativ empfundenes Antwortzeitverhalten eine nicht nur psychologisch wichtige Rolle, sondern auch bei der Bewältigung des Durchsatzes im Tagesgeschäft. Das Verhältnis von Hardware-Investitionen zu Optimierungen ist quasi immer konstant geblieben. Die Ursache liegt darin, dass großzügige Hardware-Ressourcen eben so großzügig ausgebeutet werden.

Vor noch vierzig Jahren konnte man sich eine Speicherbelegung mit Leerzeichen oder binären Nullen nicht erlauben. Bereits auf der Ebene der Variablen-Deklarationen und sukzessive bei der Adressierung musste bewusst jedes Byte ausgespart werden. Ansonsten wären Großanwendungen nicht ausführbar gewesen. Spätestens seit Einführung grafischer Oberflächen, mit C++, Java und deren Derivaten war es mit der strukturierten Programmierung im klassischen Verständnis zu Ende. Ansprüche an Bedienkomfort, Enduser-Queries usw. haben das ihrige getan, um alte Flaschenhälse in neuem Gewand wieder auferstehen zu lassen. Somit ist die Performance-Debatte wieder aktuell geworden – und eben nicht nur auf Systeme und Hardware allein beschränkt. Obwohl zu Anfang (Abb. 2.1) die drei Ebenen:

- System-Performance,
- Anwendungs-Performance,
- Prozess-Performance.

angesprochen wurden, beschränken sich die nun folgenden Begriffsbestimmungen zunächst nur auf System- und Anwendungs-Performance.
Die System-Performance schließt ein (Abb. 2.2):

- Hardware-Auslastung (Speicher, Prozessor),
- Konfiguration der System-Tabellen,
- Ein-/Ausgabe.

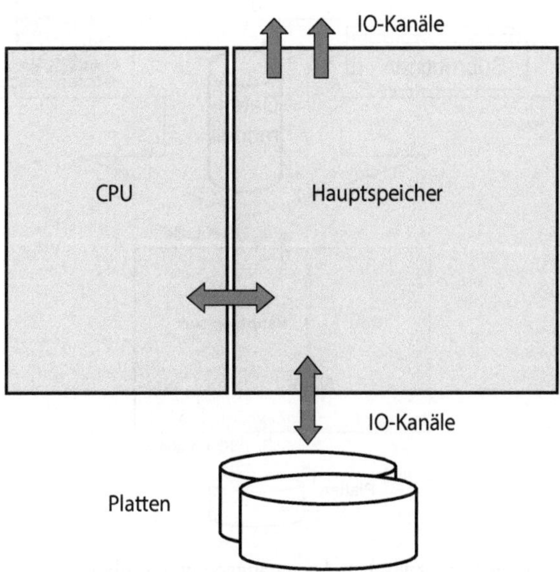

Abb. 2.2 Untergliederung System-Performance

mit allen für das System-Management relevanten Vorgängen und Parametern.

Bei der Anwendungs-Performance und deren Analyse gibt es natürlich über den Aufruf von System-Ressourcen, die Datenspeicherung und Ein-Ausgabe-Vorgänge mehr oder weniger starke Verquickungen mit den System-Ressourcen im Detail. Insgesamt aber existiert der große Zusammenhang, dass zum Ausführen von Anwendungen eben Systeme benötigt werden. Abb. 2.3 zeigt diesen Gesamtzusammenhang auf. Bei Performance-Betrachtungen können beide Ebenen letztendlich nicht als getrennt nebeneinander existierend betrachtet werden.

Die wesentlichen Elemente, die bei der Anwendungsanalyse eine Rolle spielen sind:

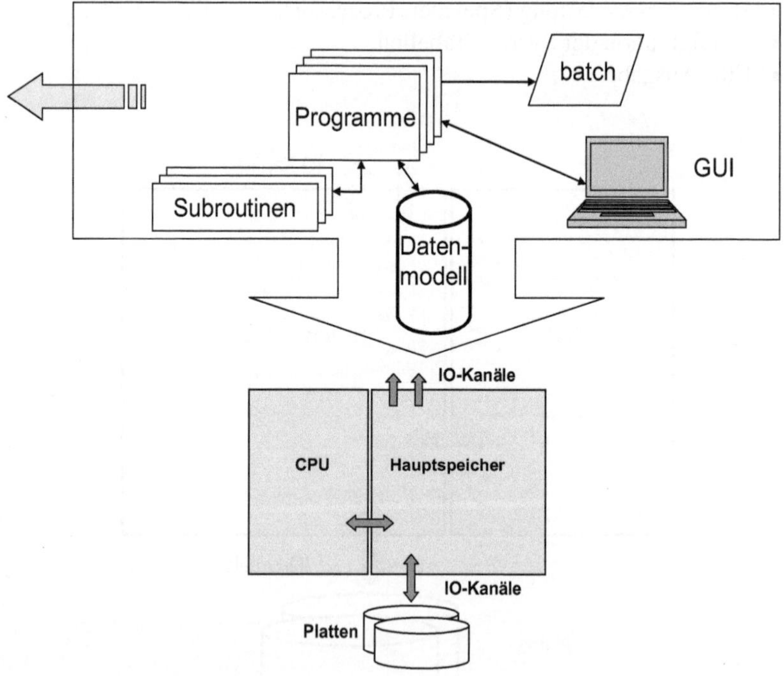

Abb. 2.3 Zusammenspiel zwischen Anwendungen und System

- Programmstruktur (Gesamtanwendung und Module),
- Datenhaltungskonzept,
- GUI (General User Interface).

Auf der obersten Ebene schließlich steht die Prozess-Performance. Damit ist nicht der systemische Prozessor gemeint, sondern diejenigen Unternehmens-Prozesse, die durch die zu untersuchenden Anwendungen auf ihren Systemen unterstützt werden. Diese Seite der Performance-Debatte wird an dieser Stelle nicht weiter verfolgt. Die Grundsatzfragen sind immer die gleichen:

- Welche System-Stützung ist wirklich erforderlich?
- Wie wird mein Durchsatz durch Anwendungs-Performance beeinflusst?

Auf dieser Basis ist schließlich zu entscheiden, wo beim Tuning am ehesten angesetzt werden muss. An dieser Stelle kommt die Kosten-Nutzen-Frage zu ihrer wahren Bedeutung.
Zusammenfassend lässt sich sagen:

Überblick
Performance-Probleme werden auf der Prozess-Ebene zuerst erkannt, wenn das Tagesgeschäft leidet. An neuralgischen Punkten werden die kritischen Anwendungen identifiziert. Sie wiederum sind abhängig von den Systemen, auf denen sie laufen.

Performance-Messung startet auf der System-Ebene und identifiziert Engpässe, die wiederum auf den Ressourcenverbrauch von Anwendungen zurückzuführen sind.

Soweit die klassischen Ansätze zum Thema Computer-Performance. Wir werden später sehen, dass es weitere und tiefer gehende Möglichkeiten gibt, auf die Performance Einfluss zu nehmen. Doch zunächst noch einige Betrachtungen zur Performance-Theorie.

2.3 Performance-Theorie

Wir behandeln die System-Seite und die Anwendungsseite getrennt. Die Praxis lehrt zwar, dass beide Aspekte eigentlich untrennbar miteinander verwoben sind, und Änderungen in der Parametrisierung des einen mit an Sicherheit grenzender Wahrscheinlichkeit Effekte auf der anderen Seite nach sich ziehen werden, aus mindestens zwei Gründen jedoch eine Abschichtung des Gesamtproblems durch eine solche Separatbetrachtung erleichtert wird:

- Auftrennung von Problembereichen nach wechselseitigen Schwerpunkten,
- Identifizierung spezifischer **Maßnahmen** (ohne mögliche Wechselwirkungen aus den Augen zu verlieren).

Eine vermengte Gesamtbetrachtung der Performance-Komplexität erschwert ungemein das Herausarbeiten von kritischen Einzelaspekten. In diesem Abschnitt werden wir also diese beiden Linien System und Anwendung nacheinander betrachten.

2.3.1 System-Performance

Der Abschnitt System-Parameter teilt sich selbst noch einmal auf in

- Hardware-Parameter und
- Betriebssystem-Parameter.

Auch hier haben wir wiederum Verflechtungen, da beide sich bedingen. Beide Elemente machen aus, was man System-Architektur nennt, sollten aber getrennt betrachtet werden, wenn möglich. Das Spektrum möglicher Betriebssystem-Parameter ist natürlich abhängig vom Hardwarehersteller. Auf der anderen Seite ist eine fast unendliche Kombinatorik von Betriebsseinstellungen denkbar für eine gegebene Hardwarekonfiguration desselben Herstellers – nur begrenzt durch die Realitäten der laufenden Anwendungen, wobei wir wieder bei den oben genannten Randbedingungen wären. Umgekehrt kann dieselbe Version eines Betriebssystems auf unterschiedlichen Hardwareumgebungen zuhause sein. Wir werden zunächst auf die Hardware selbst eingehen.

2.3.1.1 Hardware-Parameter

2.3.1.1.1 Allgemeine Hinweise

Eigentlich müsste es besser heißen: System- beziehungsweise Hardware-Komponenten. Zu denen, die losgelöst vom Gesamtsystem betrachtet werden können, gehören (Abb. 2.2):

- CPU,
- Hauptspeicher,
- Plattenspeicher,
- Ein-/Ausgabe-Kanäle.

Selbstverständlich gehören zur Hardware noch viele andere Elemente, wie Endgeräte, Modems und andere Kommunikationskomponenten, die aber für unsere Performance-Betrachtungen hier nicht gesondert abgehandelt werden sollen (zum Beispiel: Konfiguration der Cursor-Geschwindigkeit durch Mauseinstellungen). Die Theorie der System-Performance behandelt die oben genannten Komponenten in dieser Reihenfolge. Wir werden uns hier jedoch auf CPU und Hauptspeicher beschränken. Das Gewicht der jeweiligen Komponente bezogen auf eine bestimmte Performance-Situation hängt von der Art der Anwendung, der Anzahl User und weiteren Faktoren ab. Deshalb sollte man im Vorfeld keine Prioritätenfestlegung treffen.

Auch zwischen diesen Komponenten gibt es Beziehungen, die jeweils auch aufgezeigt werden. Obwohl die erwähnten Ressourcen zunächst isoliert betrachtet werden, hängt die Bedeutung für spezifische Performance-Situationen natürlich wiederum – wie bereits erwähnt – von den Anwendungen ab, die diese Ressourcen in Anspruch nehmen. Zur Einkreisung eines spezifischen Problems sind dennoch zunächst Aussagen erforderlich, die grundsätzliche Mechanismen offen legen, die unabhängig von den jeweiligen Anwendungsfällen Gültigkeit besitzen.

Bevor wir uns nun den Ressourcen und deren Eigenheiten im Detail zuwenden, sollen noch einige allgemeine Grundsätze angesprochen werden. Dazu gehören auch die Fragen:

- Wie kann System-Performance grundsätzlich getestet werden? und
- Wann macht Performance-Messung Sinn?

Performance-Testung ist eine Disziplin, über die man auf Menschen, Prozesse und Technologie Einfluss nehmen kann, um Risiken zu vermeiden, die z. B. bei System-Einführung, Upgrades oder Patch-Einspielung entstehen können. Kurz gesagt: Performance-Tests bestehen dann darin, eine typische Produktionssystemlast zu erzeugen, bevor zum Beispiel neue Anwendungen eingespielt werden, um das Leistungsverhalten zu messen, zu analysieren und Enduser-Erfahrung zu sammeln. Ziel ist es also, Performance-Probleme unter Produktionsbedingungen zu identifizieren und zu beheben. Ein gut vorbereiteter Performance-Test sollte in der Lage sein, die folgenden Fragen zu beantworten:

- Ist das Antwortzeitverhalten für die Enduser zufriedenstellend?
- Kann die Anwendung die voraussichtliche System-Last bewältigen?
- Kann die Anwendung die Anzahl Transaktionen, die durch die Geschäftsvorfälle zu erwarten sind, bewältigen?
- Bleibt die Anwendung stabil unter zu erwartenden, aber auch unerwarteten Lastzuständen?
- Werden Enduser beim Scharfschalten positive überrascht sein oder eher nicht?

Indem diese Fragen beantwortet werden, hilft Performance-Testung, die Auswirkungen von Veränderungen und die Risiken von System-Einführungen zu kontrollieren. In diesem Sinne sollten Performance-Tests folgende Aktivitäten beinhalten:

- Emulation von Dutzenden, Hunderten oder gar Tausenden von Endusern, die mit dem System interagieren,
- konsistente Last-Wiederholungen,
- Antwortzeitverhalten messen,
- System-Komponenten unter Last messen,
- Analyse und Abschlussbericht.

Tests und Analyse sollten stattfinden, bevor Engpasssituationen auftreten. Ansonsten müssen später Performance-Messungen am laufenden System durchgeführt und entsprechende Maßnahmen ergriffen werden. Das bedeutet, dass man die Lastverteilung über den Arbeitstag bereits im Vorfeld abschätzen möchte, oder auch, welche Jobs dürfen wann laufen.

Abb. 2.4 Schritte zur Performance-Optimierung (nach HP Dokument 4AA1-4227ENW)

Finden sich nach Einführung dann tatsächlich Durchsatzprobleme, bietet sich folgende allgemeine Vorgehensreihenfolge an (Abb. 2.4):

- zunächst CPU unter Last messen,
- dann Speicherauslastung,
- Sind CPU und Speicher problemlos, sollten die Ein-Ausgabevorgänge zu den Plattenspeichern untersucht werden.

Neben der bisher diskutierten vorausschauenden Performance-Beobachtung sollten in regelmäßigen Abständen oder kontinuierlich Messungen am laufenden System erfolgen – insbesondere dann, wenn subjektiv der Verdacht schlechter Performance gemeldet wird: lange Antwortzeiten im Dialog, lang laufende Auswertungen.

Ein Problem dabei ist natürlich die anzusetzende Messlatte. Das subjektive Empfinden eines vor einem stummen Bildschirm sitzenden Nutzers, der auf die Rückkehr seines Cursors wartet – also das reine Antwortzeitverhalten – ist meistens nicht ausreichend, um als messbare Größe zu gelten. In der Regel werden deshalb neben den online-Funktionen oder GUIs zusätzlich batch-Läufe, deren Exekutionsdauer sich quantifizieren lässt, herangezogen, um ein Bild über den Gesamtzusammenhang zu bekommen.

Leistungs-Tests stellen also ein Werkzeug dar, mit dem sich feststellen lässt, ob eine System-Anpassung zu eine Verbesserung oder Verschlechterung führen wird. Dabei darf die Konzeptionierung solcher Tests in der

Vorbereitung nicht unterschätzt werden. Sie hängt überdies von den konkreten Verhältnissen vor Ort ab:

- Anzahl User,
- erwarteter Durchsatz,
- vorhandene Hardware usw.

Wichtig ist auf jeden Fall, dass nicht einzelne Anwendungen isoliert getestet werden, sondern reale Bedingungen entweder simuliert oder wie vorgefunden betrachtet werden, bei denen viele System-Prozesse parallel laufen.

Für den einzelnen Anwender reduzieren sich Leistungs-Tests auf ganz handfeste Kennzahlen:

- Antwortzeit und
- Verweilzeit.

Das sind Größen, die direkte Auswirkungen haben auf seinen Arbeitsfortschritt und damit auf seine persönliche Produktivität unter Zuhilfenahme seiner IT-Infrastruktur. Seine Prozess-Schritte setzen sich insgesamt aus der reinen Bedienzeit und einer eventuellen Wartezeit auf System-Antworten bzw. -verfügbarkeiten zusammen. Wartezeiten sind eine direkte Konsequenz der jeweils aktuellen System-Auslastung. Genauso hat also Performance-Tuning einen direkten Effekt auf die Produktivität.

Demgegenüber stehen die Erwartungen des operativen Betriebs, die in eine andere Richtung gehen. Das Interesse hier orientiert sich an der Durchsatzmaximierung auf der Jobebene – also eben auf die Erzeugung hoher Auslastungen. Beide Erwartungshaltungen – die des Anwenders und die des operativen Betriebs – müssen beim Tuning kompromisshaft zusammengeführt werden. Dafür stehen gewisse Richtwerte zur Verfügung, die fallweise unterstützend herangezogen werden können. Dabei handelt es sich nicht allein um quantitativ-technische Werte, sondern um Abwägungen, die insgesamt eine ineffiziente Nutzung von System-Ressourcen verhindern sollen. Vor den ersten Maßnahmen der Performance-Analyse sind folgende Klärungen sinnvoll:

- Geht es um reine Durchsatzprobleme?
- Ist die Performance des Gesamtsystems unzureichend?

Quantitativ lassen sich dazu folgende Eingrenzungen machen:

- Transaktionsraten in Abhängigkeit vom Antwortzeitverhalten,
- Durchsatzraten in Abhängigkeit von Jobverweilzeiten.

Auf den Anwender bezogen gibt es weitere Kenngrößen:

- Antwortzeiten bezogen auf den Transaktionstyp,
- Verweilzeiten für beauftragte Jobs.

Das Leistungsverhalten des Systems lässt sich nun wiederum auf seine einzelnen Komponenten umlegen; andererseits können sich auch organisatorische Schwächen der Produktionssteuerung dahinter verbergen, wenn eine unausgewogene Jobsteuerung dahinter steckt. Beim Einsatz von Mess-Systemen ist zu berücksichtigen, dass solche Systeme ihrerseits auch wieder Ressourcen verbrauchen.

Ein wichtiger Richtwert bei der Messung ist die sogenannte System-Zeit. Sie setzt sich aus folgenden Anteilen zusammen: Zeiten zur

- Steuerung des Timesharing mehrere gleichzeitiger Prozesse,
- Steuerung von Ein-Ausgaben,
- Steuerung des Swappings von Hauptspeicherbeladungen.

Aus der Erfahrung kann man für die System-Zeit folgende Richtwerte für die CPU festlegen:

- System-Zeit insgesamt: 10–20 %,
- Timesharing: 5–10 %,
- Ein-Ausgaben: 2–6 %,
- Swapping: 1–2 %.

Abb. 2.5 und 2.6 zeigen grundsätzliche Vorgehensweisen im Ablauf eines Tuning-Prozesses. Zum Schluss noch zwei generelle Hinweise: Aufrüstung vorhandener Hardware ist meistens nicht das Allheilmittel

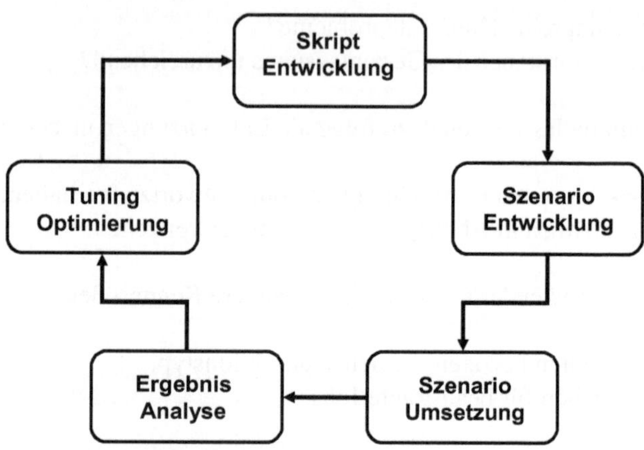

Abb. 2.5 Optimierungszyklus (nach HP-Dokument 4AA1-5197ENW)

bei Performance-Engpässen, wie weiter unten sichtbar werden wird. Und: Performance-Probleme wachsen exponentiell mit der zu bewältigenden Datenmenge. Nach diesen grundsätzlichen Vorbetrachtungen folgt nunmehr die Einzelbetrachtung der fraglichen Ressourcen.

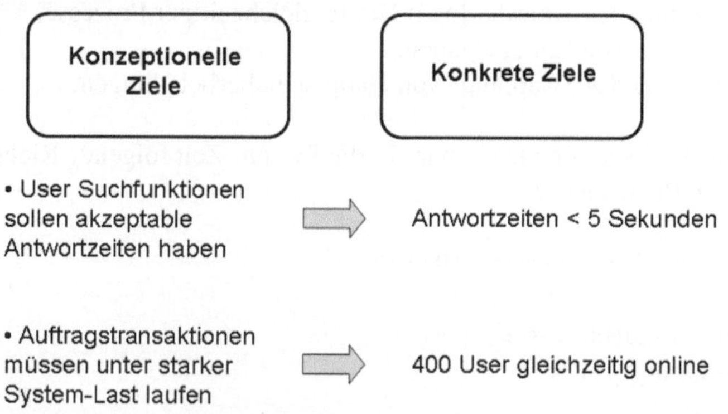

Abb. 2.6 Von der allgemeinen Konzeption zu konkreten Zielen (nach HP-Dokument 4AA1-5197ENW)

2.3.1.1.2 CPU

CPU steht für Central Processor Unit. Unter dem Gesichtspunkt der Performance geht es bei der CPU-Betrachtung um Leistung, d. h. Durchsatz über den Prozessor. Gemessen wird diese Leistung in mips: million instructions per second. Dabei handelt es sich um eine reine Papiergröße, die etwas über nutzbare Leistung aussagt und über Overheads und Task-Verarbeitung ohne Eingabe-/Ausgabe-Vorgänge oder Warteschlangenmanagement für nicht verfügbare andere Ressourcen, auch nicht Virtual Memory Management.

CPU-Leistung wird ein kritischer Faktor für Anwendungen, die stark CPU-gebunden sind: wissenschaftliche und technische Anwendungen mit langen Sequenzen mathematischer Berechnungen.

Eine Messgröße kann dabei der „Relative Performance-Faktor (RPF)" sein. Dieser Wert macht eine Aussage über die Leistungsfähigkeit einer CPU – und zwar unter möglichst realen Produktionsbedingungen. Zu seiner Ermittlung werden sowohl Online-Anwendungen als auch Batch-Verarbeitung hinzu gezogen. Bei ersteren wird die Transaktionsrate als Maß, bei letzterer die Verarbeitung von Jobs pro Zeiteinheit herangezogen. Je nach Austarierung der Anwendungslandschaft werden diese Maße gewichtet, z. B. 20 % für Batch, 80 % für Online. Mit einer einzigen Zahl kann man allerdings keine schlüssigen Aussagen über das CPU-Verhalten insgesamt machen. In der Regel ist die Anwendungslandschaft dazu zu komplex. Weitere Einflussfaktoren sind durch die Serverarchitekturen gegeben. All diese Überlegungen machen natürlich nur Sinn, wenn CPU-Performance und Hauptspeichergröße sich von vornherein in einem vernünftigen Verhältnis zueinander befinden.

Eine CPU kann sich in folgenden Zuständen befinden:

- user busy,
- Overhead-Verarbeitung,
- im Wartezustand,
- idle.

User busy bezieht sich auf das Ausführen von Anwendungstasks; Overhead-Verarbeitung deutet darauf hin, dass sich die CPU mit sich selbst beschäftigt, z. B. in dem sie durch die Warteschlangen geht oder Prioritäten neu verteilt. Wartezustand weist darauf hin, dass eine benötigte Ressource nicht verfügbar ist, und „idle" heißt, dass zur Zeit keine Anforderungen an die CPU vorliegen. Die Overheads kann man noch weiter spezifizieren:

- Memory Management / Paging,
- Process Interrupt Control,
- Cache Management.

Ganz anders sieht das Problem in einer Multiprozessorenumgebung aus (Tab. 2.1). Diese Umgebung konstituiert sich einmal aus den Verarbeitungsprozessoren, andererseits auch aus einer dazu im Verhältnis geringeren Anzahl von I/O-Prozessoren. Um diese Konfigurationen optimal auszunutzen, müssen die Anwendungen entsprechen geschrieben sein. Dazu gehört unter anderem Parallelverarbeitung ohne gegenseitige Interferenzen.

Davon zu unterscheiden sind Konfigurationen, die Prozessoren parallel betreiben unter dem Gesichtspunkt der Ausfallsicherheit, um eine kontinuierliche Verfügbarkeit von Systemen zu gewährleisten (Abb. 2.7).

Auf der Ebene der Tasks kann einer bestimmten Task immer nur ein Prozessor zugeordnet werden und umgekehrt. Daraus ergibt sich schon, dass durch reine Hardware-Aufstockung (mehr Prozessoren) Performance-Probleme nur bedingt gelöst werden können, was das Antwortzeitverhalten betrifft. Im Grenzfall findet lediglich eine schnellere CPU-Zuteilung, aber keine sonstige Durchsatzverbesserung statt. Ebenso ist eine signifikante Beschleunigung von Batchläufen nur durch massive Paralleli-

Tab. 2.1 Erhöhung Management-Overheads in Multiple CPU-Umgebung (nach Siemens: BS2000/OSD Performance-Handbuch Nov. 2009)

Anzahl CPUs	Erhöhung CPU-Zeit [%]
2	5–10
4	10–15
6	15–20
8	20–30
10	25–35
12	30–40
15	35–45

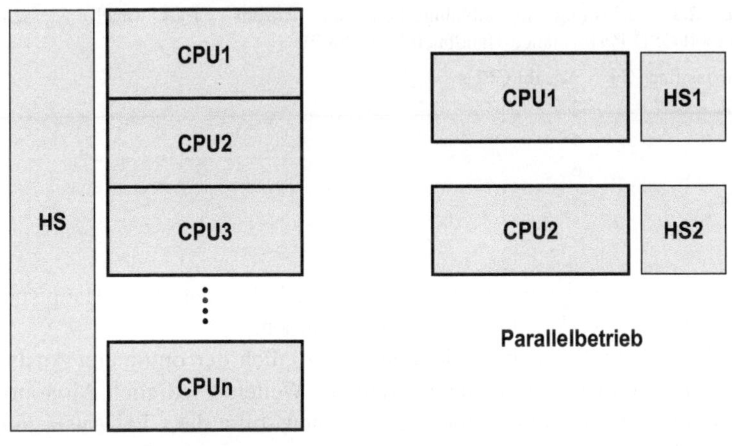

Abb. 2.7 CPU-Betriebsarten

tät zu erreichen. Daneben ist zu beachten, dass mit steigender Prozessorzahl die Anforderungen an die Synchronisation mit dem Hauptspeicher steigen, und dadurch zusätzliche Overheads erzeugt werden. Die Tab. 2.2 und 2.3 zeigen beispielhaft für Siemenssysteme unter BS2000 die Verbesserungsmöglichkeiten für die Verarbeitung unabhängiger Tasks durch Zuschaltung mehrere CPUs.

Tab. 2.2 Verbesserungseffekt durch CPU-Zuschaltung (nach Siemens: BS2000/OSD Performance-Handbuch Nov. 2009)

Anzahl CPUs	Faktor
2	1,7–1,9
4	3,3–3,6
6	4,6–5,2
8	5,8–6,6
10	6,8–7,8
12	7,8–8,8
15	8,8–9,9

Tab. 2.3 Auslastung in Abhängigkeit der Anzahl CPUs (nach Siemens: BS2000/OSD Performance-Handbuch Nov. 2009)

Auslastung [%]	Anzahl CPUs
75	2
80	4
85	6
90	8

Solche Upgrades haben in der Regel zur Folge, dass auch Hauptspeicher und Laufwerke angepasst werden müssen.

Viele Hersteller geben Richtwerte bezüglich der optimalen Auslastung ihrer CPUs. Betrachtet werden im Weiteren lediglich Monoprozessoren. Bei Online-orientierten Systemen sollte die CPU-Auslastung durch die Hauptanwendungen 70 % nicht übersteigen. Darüber hinaus kann es zu Problemen beim Management der Warteschlangen und den zugehörigen Wartezeiten kommen. Naturgemäß gehen die möglichen Auslastungszahlen in Multiprozessorumgebungen über diesen Richtwert hinaus.

Um die Tasks in der CPU zu steuern, werden bestimmte Routinen eingesetzt, um sie zu managen und zu überwachen. Folgende Parameter spielen beim Task-Management eine Rolle:

- Aktivierung,
- Initiierung,
- Multi-Programming Level,
- Priorität,
- Multiprogramming-Level (MPL) pro Kategorie,
- Betriebsmittel-Auslastung (CPU, Hauptspeicher, Paging Aktivität),
- System-Dienste (CPU-Zeit, Anzahl Ein-/Ausgaben),
- Zuteilung der Berechtigung zur Hauptspeicher-Nutzung,
- Zuteilung des Betriebsmittels CPU,
- Zustand „active, ready",
- Deinitiierung,
- Betriebsmittelentzug bei Wartezeiten,
- Zustand „active, not ready",
- Verdrängung.

Da die CPU von vielen Tasks gleichzeitig genutzt wird, ist die Auslastung ein wichtiges Kriterium für Wartezeiten. Die durchschnittliche Bedienzeit durch die CPU ist allerdings klein im Verhältnis zu den Ein- und Ausgabezeiten. Das bedeutet, dass das Antwortzeitverhalten wesentlich von Ein-/Ausgabevorgängen, insbesondere durch das Lesen und Schreiben auf Speichermedien beeinflusst wird. Dadurch kommen die bereits genannten 70 % Auslastung zustande. Einige Hersteller erlauben zudem eine manuelle Prioritätenvergabe, sodass auch ursprünglich niedrig priorisierte Tasks aus den Warteschlangen heraus zum Zuge kommen können. Eine 100 %ige Auslastung ist ein idealer Wert, der in der Praxis nicht erreicht wird.

Prioritäten beziehen sich auf den Zugriff auf CPU-Ressourcen, I/Os sind dabei nicht berücksichtigt. Im Normalfall sind Prioritäten so vergeben, dass Online-Taks grundsätzlich höher priorisiert sind als Batches. System-Programme wiederum haben meistens eine höhere Priorität als die übrigen Online-Funktionen. Innerhalb der Programmverarbeitung berechnet das System dann selbst die Prioritäten nach einem Algorithmus, der Warteschlangen-Position, Swap-Rate und andere Parameter einbezieht. Die Vergabe einer externen fixen Priorität ist möglich, sollte jedoch mit Vorsicht gehandhabt werden, da die Priorität sich danach nicht mehr dynamisch anpasst und je nach Einstellung zu Verdrängungen anderer Prozesse führen kann. So kann man grundsätzlich wenigen Nutzern, die große Programme fahren, niedrigere Prioritäten geben als den vielen anderen Usern, die nur kleine Tasks erledigen wollen. Kurzfristig kann man bei eiligen Geschäftsvorfällen die Priorität erhöhen, ebenso für Speicher intensive Programme, die alles blockieren, um das System wieder freizuschaufeln (Abb. 2.8).

Spricht man von einer hohen CPU-Auslastung, dann liegt diese bei über 90 %. Das braucht noch keine Engpasssituation zu sein. Bei hoher Auslastung ist es allerdings besonders wichtig, die Effizienz des CPU-Betriebes zu beobachten. Dazu sind folgende Maßnahmen von Bedeutung:

- Überprüfen der Höhe der Ein-/Ausgaberate,
- Überprüfen der Höhe der Paging-Rate.

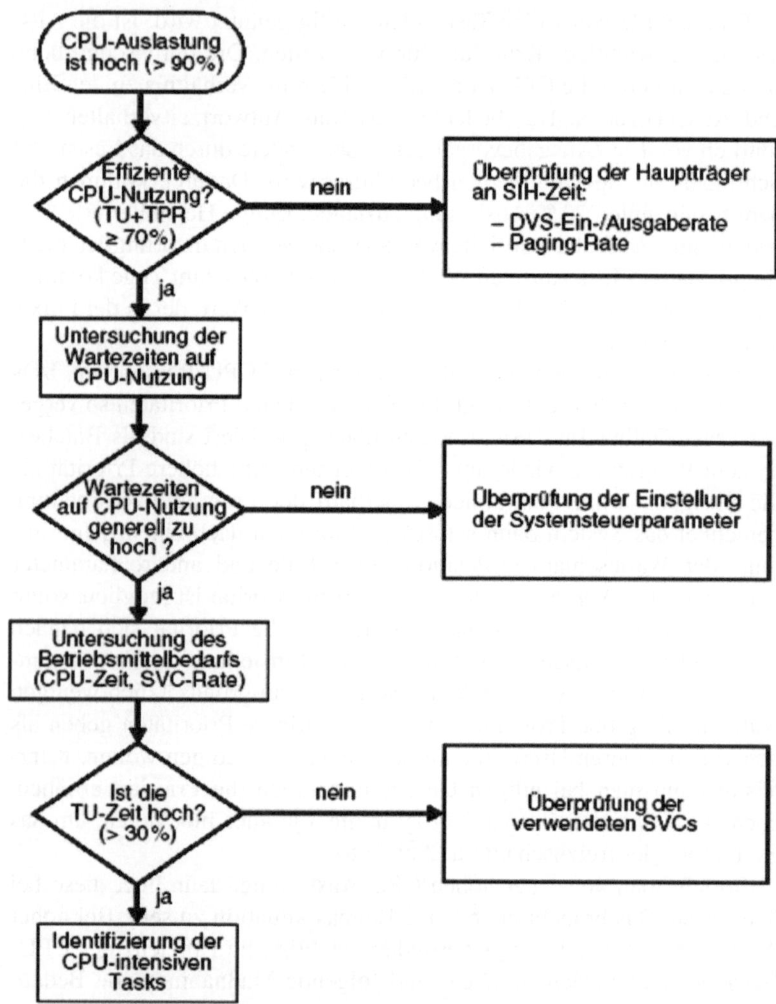

Abb. 2.8 Tuning Ansätze bei hoher CPU_Auslastung (nach Siemens: BS2000/OSD Performance-Handbuch Nov. 2009)

Ein Maß für die Effizienz einer CPU bei hoher Auslastung ist das Verhältnis:

Wartezeit zu Benutzung der CPU / Hardware-Bedienzeit der CPU.

Beim Auftreten längerer Wartezeiten sind folgende Ursachen möglich:

- Sub-optimale Einstellung von System-Parametern,
- Gesamter CPU-Zeitbedarf für alle Tasks ist zu hoch. Eine Analyse der Warteschlangenzeiten kann darüber Aufschluss geben.

Eine wichtige Rolle beim Mechanismus der CPU-Verwaltung ist der Umgang mit Unterbrechungen. Offensichtlich finden beim Swapping Unterbrechungen von exekutierendem Code statt. Dadurch werden ein Programm oder ein Programmteil angehalten, das Code-Segment aus dem Hauptspeicher ausgeladen und die Task in eine Warteschlange verwiesen, aus der sie entsprechend ihrer Priorität (im Normalfall: Position in der Schlange) später wieder Ressourcen bekommt. Unterbrechungen können folgende Ursachen haben:

- prioritärer Ressourcenzugriff durch das Betriebssystem,
- Abschluss eines geschlossenen Programmteils,
- auftretende technische Fehler („exception"),
- längere Pause bei der Adressierung der Programmseite,
- I/Os,
- fehlende Daten,
- Status „idle" mit timeout.

Es können aber auch Performance-Probleme in Erscheinung treten bei niedriger CPU-Auslastung. Dafür können folgende Gründe verantwortlich sein:

- Ein-/Ausgabekonflikte,
- hoher Zugriff auf Speichermedien durch gleichzeitig viele User (zentrale Dateien),
- zu hohe Paging-Rate,
- Engpässe durch Server-Tasks,
- ineffiziente Parallelverarbeitung durch zu wenig Tasks,

- CPU-Zeit für das Ausführen bestimmter Programme,
- zu viele System-Aufrufe,
- System-Selbstverwaltung,
- zu viele Bibliotheksroutinen,
- zu viele I/O-Routinen,
- zu viele gleichzeitige User,
- Multiprozessor-Management,
- ungünstige CPU Taktzahl pro Prozess,
- Prozessor-Stillstand,
- Abfolge von Maschinenbefehlen.

Falls Performance-Probleme weiter bestehen, selbst wenn die CPU „idle" ist, so sind diese Probleme woanders zu suchen. Durch Aufrüstung der CPU ist dann nichts gewonnen.

2.3.1.1.3 Hauptspeicher

Ein wesentliches Merkmal für den Hauptspeicher ist seine nominelle Größe: die Anzahl von Zeichen, Bytes, die für eine zentrale Verarbeitung und die dazu erforderliche temporäre Speicherung zur Verfügung steht. Die absolute Größe des Hauptspeichers kann für eine Performance-Situation

- passend,
- zu groß oder
- zu klein.

sein. Das liest sich banal. Dabei gibt es Folgendes zu bedenken: ein überdimensionierter Hauptspeicher, häufig als Empfehlung bei Engpässen ausgesprochen, kann zu sekundären CPU-Problemen führen, wenn die Leistung nicht Schritt hält, oder eine Unterdimensionierung von I/O-Kanälen aufweisen. Der Grund liegt darin, dass die Anzahl möglicher Tasks, die geladen werden können, die Möglichkeiten dieser beiden anderen Ressourcen übersteigt, sodass Warteschlangen sich herausbilden.

Natürlich ist ein zu klein dimensionierter Hauptspeicher eher das Problem. Der Hauptspeicher hat umzugehen mit (Abb. 2.9):

Abb. 2.9 Hauptspeicherbelegung

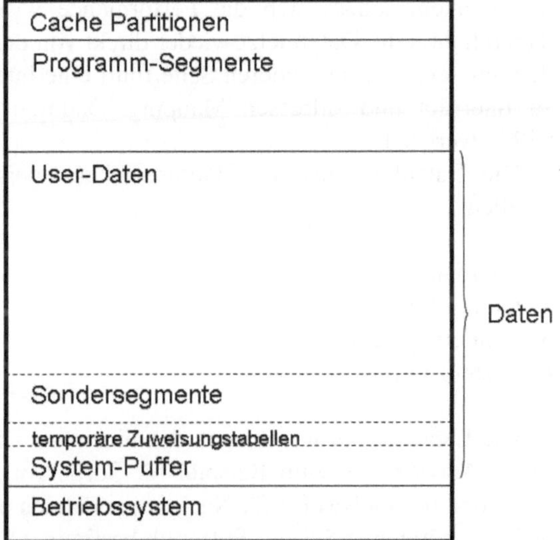

- Programm-Segmenten,
- Daten,
- Cache Partitionen und
- Teilen vom Betriebssystem.

Normalerweise ist ein Teil des Hauptspeichers ständig durch Grund-
funktionen des Betriebssystems belegt: base memory mit einer fixen
Prozentzahl des gesamten Speichers, z. B. 10 %. Weitere Anteile des
Betriebssystems werden später je nach Bedarf nachgeladen. Ein ge-
wichtiger Teil wird für die User-Prozesse benötigt. Deshalb ist z. B.
bei Betriebssystem-Updates, die zusätzliche Funktionalitäten beinhalten
können, darauf zu achten, dass entsprechend neu und sparsam konfiguriert wird.

Cache Partitionen werden benötigt für Speichersegmente, die Daten enthalten, auf denen wiederholt zugegriffen wird. Diese Partitionen
sind konfigurierbar, können aber auch dynamisch zugewiesen werden.
Im letzteren Fall stellt die Cache kein besonderes Problem dar, obwohl
bei Engpässen Einschränkungen bezüglich des Cache-Anteils entste-

hen können, sodass sich die Performance wiederum verschlechtert, dadurch dass die Daten jetzt wieder direkt von den Platten gelesen werden müssen. Auf der anderen Seite führt eine intensive Cache-Nutzung zu Interrupt und Adressen Mapping. Dadurch entstehen zusätzliche CPU-Overheads.

Die Datenbelegung des Hauptspeichers speist sich aus folgenden Quellen:

- Userdaten,
- temporäre Zuweisungstabellen,
- Sondersegmente,
- System-Puffer.

Die Userdaten beaufschlagen den einem spezifischen User zugewiesenen Adressraum, zum Beispiel für Sortiervorgänge. Sondersegmente werden beispielsweise für Nachrichtendateien oder Kommunikationspuffer benötigt und System-Puffer für bestimmte System-Tasks. Der Rest steht dann Programmsegmenten oder für das Paging zur Verfügung.

Ein wichtiger Faktor bei der Betrachtung von Hauptspeicher-Performance ist die Paging-Rate. Mit Paging-Rate ist die Anzahl von Vorgängen pro Zeiteinheit gemeint, die aktuell Speicher residente Code-Seiten (Pages), die momentan für die Ausführung eines Programms durch die CPU benötigt werden, temporär aus dem Speicher entfernen, durch andere ersetzen, und die ursprünglichen Seiten später wieder hinein laden. Dieser Vorgang wird auch als Swapping bezeichnet.

Es gibt einige Algorithmen, die diejenigen Hauptspeichereinträge identifizieren, die dem Swapping unterliegen sollen. Normalerweise werden die Ressource-Warteschlangen bei jedem System-Zyklus innerhalb der Frequenz der System-Uhr abgefragt, um festzustellen, auf welche Segmente während des vorhergehenden Zyklus nicht zugegriffen wurde. Diese werden dann mit einem Flag als Overlay- Kandidaten versehen. Beim nächsten Zyklus werden die Overlay-Kandidaten nochmals geprüft und dann unter Umständen geswappt, falls Speicherplatz benötigt wird. Gibt es viele Overlay-Kandidaten und lange Verweilzeiten für bestimmte Segmente, die ohne Prozess-Unterbrechung geswappt werden können, entstehen nur minimale Memory Management Overheads.

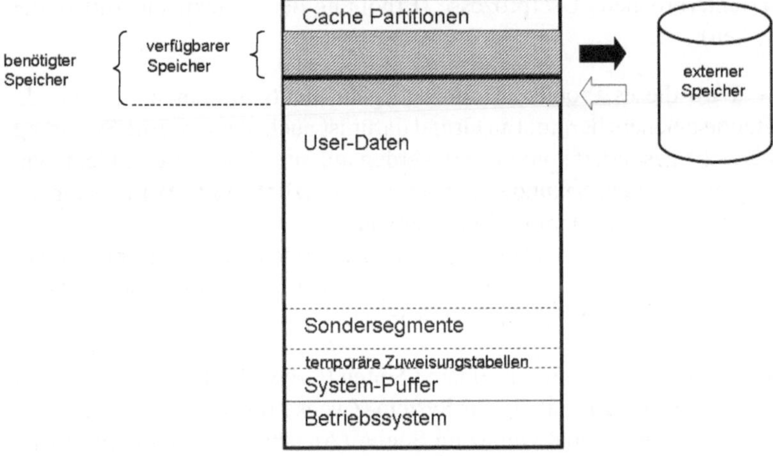

Abb. 2.10 Paging

Hohe Paging-Raten können kritisch für eine effiziente Nutzung der Ressource Hauptspeicher werden (Abb. 2.10). Gründe dafür können sein:

- zu viele Prozesse,
- zu große Programme.

Deshalb geben Hersteller auch maximal empfohlene Werte an. Memory Management für eine sauber laufende CPU sollte nicht mehr als wenige Prozent betragen. Ansonsten führen zu hohe Paging-Raten grundsätzlich zu schlechtem Antwortzeitverhalten, weil CPU-Ressourcen dafür benötigt werden. Hintergrund: in den beiden genannten Fällen versucht die CPU zunächst, die Hauptspeicherbelegung neu zu organisieren, indem ein zusammenhängender Adressraum gebildet wird (das führt zu erheblichen Overheads). Falls das nicht gelingt, gibt die CPU auf, d. h. es kommt zu Unterbrechungen von Prozessen mit niedriger Priorität. Geswappt wird in den virtuellen Speicher oder auf Pagingbereiche der Festplatten. Konsequenzen:

- entgangene CPU Ressourcen für Memory Management (Erhöhung der subjektiven Antwortzeiten),

- unterbrochene Userprozesse (Erhöhung der subjektiven Antwortzeiten).

Wird dieses Problem chronisch, geht nichts um einen Upgrade des Hauptspeichers herum. Ein Grund dafür ist auch, dass externe Swapping-bereiche gesondert konfiguriert werden müssen. Sind diese zu klein, wird Paging zu einem Sekundärengpass mit zusätzlichen I/O-Wartezeiten und entsprechendem Memory Management.

Um Engpässe beim Hauptspeicher zu vermeiden, sind prophylaktisch regelmäßige Messungen mit einem geeigneten Monitor sinnvoll. Dabei sollten folgende Werte ermittelt werden:

- Anzahl der seitenwechselbaren Seiten (Größe des Hauptspeichers minus der Anzahl ständig für System-Zwecke residenten Seiten),
- Anzahl der global genutzten Seiten (Anzahl der seitenwechselbaren Seiten minus der Anzahl der frei nutzbaren Seiten).

Ähnlich wie bei der CPU gibt es auch für den Hauptspeicher Richtwerte. Auslastung bis 75 % gilt als unkritisch. Werden ständig über 90 % erreicht, ist ein Upgrade unerlässlich. Analog zur CPU gibt es ein Task-Management mit ganz ähnlichen Triggern über die Kontrollfunktionen der Hauptspeicherverwaltung mit Seitenverwaltungs-Algorithmus:

- Aktivierung,
- Deaktivierung,
- Zwangsdeaktivierung,
- Verdrängung.

Zusammenfassend können folgende Situationen entstehen:
Der Speicherbedarf ist höher als der vorhandene Speicher. Dann entsteht ein Paging-Problem. Das hat zur Folge, dass bestimmte Prozess-Schritte temporär auf dezentrale Speichermedien verlagert werden, was zu einem spürbaren Leistungsabfall führt. Lösungen können entweder durch Hardware-Erweiterung oder Anwendungsoptimierung herbeigeführt werden. Organisatorisch könnte man auch die Anzahl User reduzieren, was in der Regel nicht akzeptiert wird.
Das gegensätzliche Szenario ist, wenn ausreichend Speicherplatz vorhanden ist. Zwischen diesen beiden Zuständen gibt es keine Alternativen.

Dabei muss ein Programm nicht immer vollständig geladen sein, damit bestimmte Funktionen ausgeführt werden können. Programmseiten werden über deren Adressenfolgen stückweise geladen, was wiederum zu Swap-ins und Swap-outs, also Paging-Vorgängen führt. Ohnehin zeigt die Statistik, dass die meisten Programme 80 % ihrer Exekutionszeit in nur 20 % ihres eigenen Codes verbringen. Inaktive Prozesse werden hauptsächlich durch Online-Anwendungen hervorgerufen – wenn User vor dem Bildschirm sitzen und keine Eingaben tätigen, das Programm aber über die GUI dennoch aufgerufen bleibt. Zur Optimierung bezogen auf das Paging können folgende Maßnahmen herangezogen werden:

- Nutzung von gemeinsamen Subroutinen durch mehrere Programme,
- Größenoptimierung von Codes,
- Nutzung von gemeinsamen Bibliotheken,
- Speicherkonfigurierung anhand geschätzter User-Zahl.

2.3.2 Anwendungs-Performance

2.3.2.1 Anwendungsparameter

Obwohl ein Performance-Tuning auf der Basis von Anwendungsoptimierungen meistens zeitaufwendig ist und deshalb in der Regel kurzfristig keine sichtbaren Ergebnisse zeitigt, ist es dennoch häufig unerlässlich, um mittel- und langfristige Erfolge zu erzielen. Hier sind die Einflussfaktoren:

- Programmiersprache,
- modularer Programmaufbau,
- Anzahl Subroutinen und externer Aufrufe,
- Dateimanagement,
- Ein-/Ausgabeprozeduren,
- GUI oder Batchverarbeitung,
- Größe von Codesegmenten,
- Kommunikations-Prozesse mit anderen Anwendungen.

Falls beeinflussbar, spielt die Programmiersprache eine wichtige Rolle für die zukünftige Performance einer Anwendung. Demgegenüber sind zum Beispiel die Realisierungszeiten abzuwägen – modularer Programmaufbau – im Gegensatz zu struktureller Programmierung, die im Zuge moderner Sprachen an Bedeutung verloren hat. Gemeint ist in diesem Zusammenhang die Entkopplung von Anwendungsmodulen untereinander unter einem gemeinsamen Frontend. Dadurch wird der Hauptspeicher entlastet. Außerdem können dabei bestimmte Module aus unterschiedlichen Anwendungsanteilen angesprochen und so gemeinsam genutzt werden – zum Beispiel Fehlerroutinen.

Während man erwarten kann, dass jedes neue Release akzeptable Anwendungs-Performance liefert, hängt das Ergebnis doch sehr stark ab von den vorbereitenden Maßnahmen. Dabei sollten die Wünsche der User berücksichtigt werden und deren Vorstellungen über gute Performance. Auch der gesamte Prozess-Ablauf, in dem die IT-Unterstützung eingebunden ist, sollte Berücksichtigung finden. Am Ende sollten folgende Fragen beantwortet werden:

- Muss die Anwendungsarchitektur angepasst werden, um bestimmten Performance-Kriterien zu genügen?
- Ist ein Upgrade der IT-Infrastruktur erforderlich?
- Wird Performance negativ beeinflusst durch GUI-Gestaltung?
- Wie wird sich eine zu erwartende Durchsatzsteigerung auf die System-Last auswirken?

Bestimmte Faktoren lassen sich manchmal mit geringem Aufwand tunen, wie z. B. Ein-/Ausgabeprozeduren oder Wechsel von GUI auf Batch. Andere erfordern größere Investitionen. Dazu gehören sicherlich die Transposition in andere Programmiersprachen oder Änderungen am Datenmodell.

Zusätzlich zu den Messwerten, die für die reine System-Performance von Bedeutung sind, gibt es eine Reihe von Kenngrößen, die im direkten Bezug zu den Anwendungen stehen. Dazu gehören insbesondere die Task spezifischen Betriebsmittelanforderungen im zeitlichen Durchschnitt und auf Spitzen, bezogen auf

- CPU-Zeit,
- Ein-/Ausgaben inklusive Zugriffe auf bestimmte Datentabellen und Plattenzugriffsstatistiken,

- Wartezeiten,
- Pagingraten,
- Kanal-Transporte inklusive TCP/IP-Verbindungen,
- eventuelle Kommunikationsereignisse im Rechnerverbund,
- Zugriffe auf Hauptspeicher,
- Antwortzeitenstatistik,
- Cache-Trefferquoten,
- Anzahl job-Aufrufe.

Diese Informationen werden entweder durch Messmonitore geliefert oder sind teilweise aus Logfiles zu ermitteln, wenn die entsprechenden Transaktionstypen dafür eingeschaltet sind. Logdateien für die Aufzeichnung von Transaktionen bedürfen in zweierlei Hinsicht spezifischer Ausrichtung:

- Formatierung,
- Selektion.

Bei der Formatierung ist darauf zu achten, dass die Einträge möglichst von technischen Informationen befreit werden. Das heißt alles, was Bezug zum Transaktionscode und zu Datenverschlüsselungen, Formatangaben usw. hat, sollte ausgespart werden. Lediglich aussagekräftige Textinformationen sollten hinterlegt werden, die dem Auswerter sofort einen Hinweis auf das tatsächliche Transaktionsgeschehen geben.

Die Selektion zur Aufzeichnung von Transaktionen sollte sich auf solche beschränken, die für eine spätere Analyse interessant sind. Nebensächliche Funktionsaufrufe wie „Datumsanzeige“, „Rückkehr zum Hauptmenu“ u. a. sollten ausgeblendet werden.

Neben Durchschnitt und Spitzen ist die Aufnahme des zeitlichen Verlaufs über typische Arbeitstage von Interesse. Hier zeigen sich zeitlich abhängige Engpässe, die unter Umständen zunächst einmal ohne großen technischen Aufwand organisatorisch entkoppelt werden können. Bei der Anzahl User, die hinter all diesen Ressourcenverbräuchen steht, ist zu differenzieren zwischen aktiven und lediglich über Sessions verbundenen.

Weiterführende Literatur

1. Osterhage, W. 2012. *Performance-Optimierung*. Heidelberg: Springer Vieweg.

Test-Automatisierung 3

3.1 Einleitung

Performance spielt eine wichtige Rolle nicht nur im Produktivbetrieb einer Anwendung, sondern auch bei Erweiterungen bzw. Neu-Einführungen und dem dazu gehörigen Test-Betrieb. Um die zugehörigen Test-Verfahren so breit wie möglich mit einem akzeptablen Durchsatz anzulegen, bieten sich verschiedene Algorithmen an, von denen wir hier zwei vorstellen möchten.

In diesem Kapitel werden kurz die Beweggründe für automatisiertes Testen angeführt. Dann folgt eine Gegenüberstellung der wichtigsten Gesichtspunkte zwischen manuellem und automatisiertem Testen.

Es gibt jede Menge automatisierte Test-Verfahren. Zum Teil werden diese von den Entwicklungsabteilungen größerer Häuser für deren Belange spezifisch entwickelt. Nach den grundsätzlichen Überlegungen werden dann zwei Verfahren vorgestellt, die in der Entwickler-Community weltweit Einzug gehalten haben:

- Symbolic Execution (SE),
- Search-Based Automated Structural Testing (SBST).

Für beide wird zum Abschluss auch eine kurze Zusammenfassung des heutigen state-of-the-art gegeben [1].

© Springer-Verlag Berlin Heidelberg 2016
W. W. Osterhage, *Mathematische Algorithmen und Computer-Performance kompakt*, IT kompakt, DOI 10.1007/978-3-662-47448-8_3

3.2   Warum Automatisierung?

Gewöhnlicherweise gibt es zwei Ansätze für umfangreiche Tests
(Abb. 3.1):

- manuelle Verfahren und
- Automatisierung.

Leider bringt manuelles Testen einige implizite Nachteile mit sich:

- die Schwierigkeit, das Verhalten von einer großen Anzahl User zu
  emulieren,
- den User-Betrieb effizient zu koordinieren.
- Ergebnisvergleiche zwischen den unterschiedlichen Test-Szenarien
  sind schwierig.
- Manuelles Testen ist auch häufig nicht sehr praktisch. Will man ein
  Problem genau diagnostizieren, so müssen dieselben Tests mehrere
  Male wiederholt werden. Die Software muss gepatched werden, und
  danach finden Re-Tests statt, um feststellen zu können, ob der Fehler behoben wurde. Bei automatischem Testen ist das leichter möglich. Bestimmte Tools ermöglichen es, die entsprechenden Test-Skripte und deren Ergebnisse abzulegen und zu verwalten. Außerdem werden beim automatischen Testen menschliche Fehler während der Test-

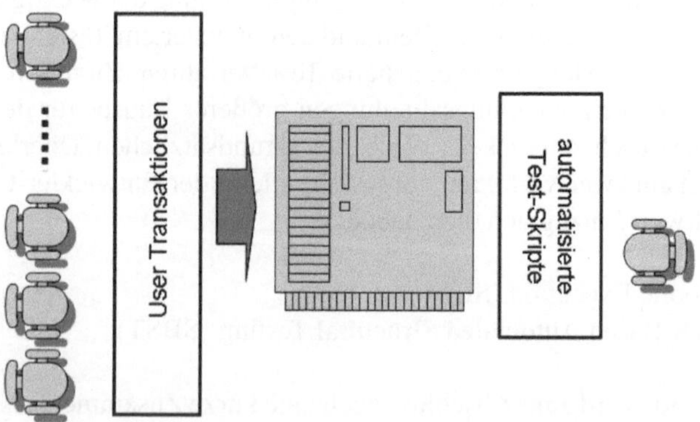

Abb. 3.1 Manuelles gegenüber automatisiertem Testen

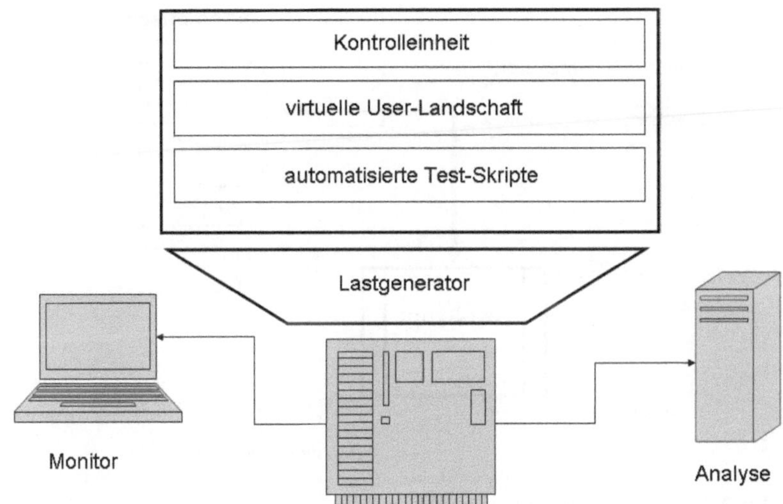

Abb. 3.2   Automatisiertes Test-Tool

Phase weitgehend vermieden. Solche Tools stellen folgende wesentliche Komponenten bereit (Abb. 3.2):

- eine Kontrolleinheit, die Test-Input bereitstellt und kontrolliert,
- eine virtuelle User-Landschaft (User-Generator),
- automatisierte Test-Skripte für Online-Simulation (müssen entsprechend der zu in Frage kommenden Anwendungen immer maßgeschneidert erstellt werden),
- ein Monitor,
- eine Analyse-Maschine.

Dadurch wird Folgendes ermöglicht (Abb. 3.3):

- Ersatz von manuellen Usern durch virtuelle,
- simultaner Einsatz vieler virtueller User auf einem einzigen System,
- Wiederholung von Szenarien, um den Effekt von Anpassungen zu verifizieren.

Auf diese Weise werden Kosten und Ressourcen gespart.

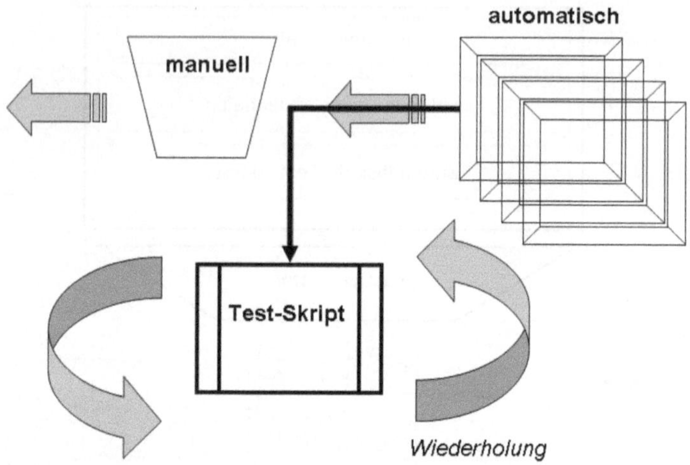

Abb. 3.3 Automatisierte Test-Möglichkeiten

Auch bei überwiegend manuellem Testen kann automatisiertes Testen und Messen ebenfalls zur Unterstützung der manuellen Prozesse dienen. Gelegentlich ist das notwendig, wenn keine ausreichenden Enduserressourcen vorhanden sind. Auf diese Weise können die nachfolgenden Informationen gewonnen werden (Abb. 3.4):

- wiederholte Prozess-Gänge unter identischen Bedingungen,
- end-to-end Prozesse und deren Verhalten,
- automatisches Aufzeichnung von Ergebnissen,
- Monitor-Reports für einzelne System-Komponenten.

Obwohl der Aufwand für automatisiertes Testen während der Test-Phase selbst erheblich geringer sein kann als durch viele User verursachte Einzeltests, bedeutet die Automatisierung einen hohen Aufwand an Vorbereitung. Dazu gehören unter anderem (Abb. 3.5):

- Festlegung der Test-Ziele,
- Geschäfts-Prozesse, Teil-Prozesse aufnehmen,
- Auswahl zu testender Transaktionen,

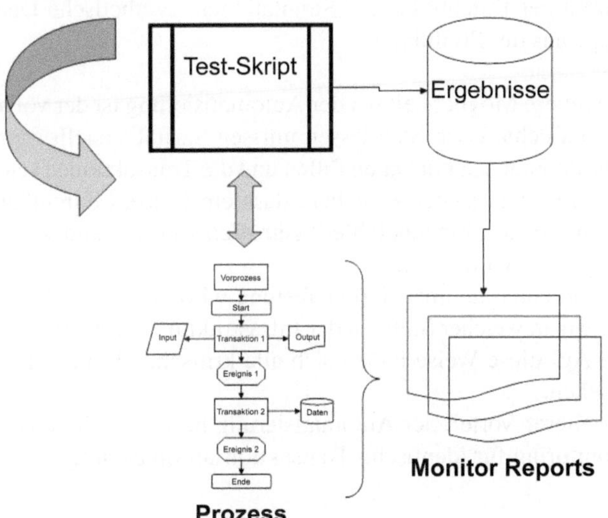

Abb. 3.4 Automatisierte Prozess-Tests

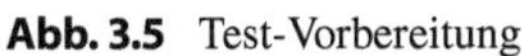

Abb. 3.5 Test-Vorbereitung

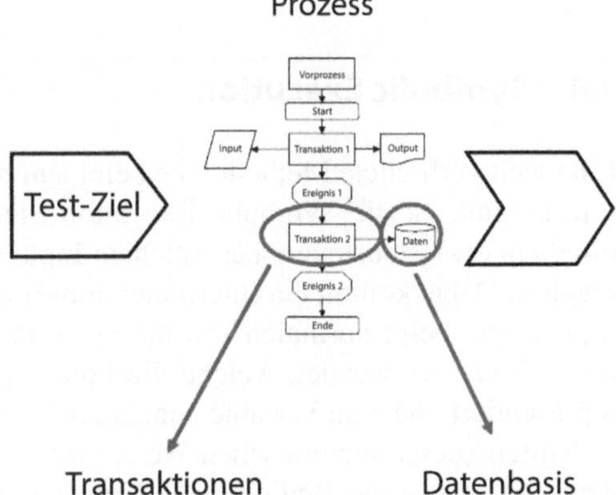

- Anzahl konkurrierender User festlegen,
- Auswahl der Datenbasis; bei Simulationen: synthetische Daten oder Abzüge aus der Produktion.

Eine weitere Möglichkeit bei der Automatisierung ist der vollständige Verzicht auf echte User. Stattdessen müssen Skripte erstellt werden, die die GUIs automatisch mit Daten füllen und die Transaktionen selbständig weiter führen. Um sicher zu gehen, dass ein Prozess durchläuft, muss auch Vorsorge für „Eingabefehler" getroffen werden, und wie sich das System dann verhalten soll.

Während einer automatisierten Testung wird beim Monitoring sofort sichtbar, wo an welcher Stelle in der Infrastruktur Prozess-Probleme auftauchen. Auf diese Weise lassen sich alle kritischen Einheiten abfragen und einsehen.

Ein weiterer Vorteil der Automatisierung besteht darin, dass ein solches Monitoring für identische Transaktionsabfolgen aufgesetzt werden kann.

3.3 Vergleich manuelles mit automatisiertem Testen

Die Tab. 3.1 gibt einen Vergleich zwischen automatisierten und Manuellen Test-Verfahren wieder.

3.4 Symbolic Execution

Eine weit verbreitete Methode, die beim automatischen Testen zum Einsatz kommt, ist die Symbolic Execution Methode. Diese Methode ermöglicht es, festzustellen, bei welchem Input welcher Programmteil wie reagiert. Dabei kommt ein Interpreter zum Einsatz. Statt eines konkreten Inputs, wie beim normalen Einsatz eines Programms, werden symbolische Werte verwendet, welche die komplette Bandbreite von Werten repräsentiert, die eine Variable annehmen kann.

Mittels dieser symbolischen Werte werden Ergebnisse und Variablen generiert, sowie die Bedingungen bzgl. möglicher Ergebnisse für jede Verzweigung innerhalb eines Programms erkannt. Der Output des Codes

Tab. 3.1 Vergleich zwischen manuellem und automatisiertem Testen

Funktion	Manuell	Automatisiert
Große Anzahl User emulieren	Aufwendig	Einfach
Koordination Tester-Betrieb	Erforderlich	Nicht erforderlich, Kontrolleinheit erforderlich, virtuelle Userlandschaft
Ergebnisvergleiche	User abhängig	Standardisierbar
Test-Skripte	Prozess orientiert	Prozess orientiert; Tool orientiert
Nachvollziehbarkeit	Aufwendig	Automatisch durch Wiederholung
Auswertung	Aufwendig	Per Monitor
Fehlerentdeckung	Durch rückwärtige Suchvorgänge	Sofortige Lokalisierung

ist also abhängig von diesen Werten. Um einen Code symbolisch auszuführen, müssen alle Input Variablen durch Symbole initiiert werden.

Ziel der symbolischen Ausführung ist es, einen Test-Input für jeden Programmpfad zu erzeugen, sodass letztendlich der gesamte Code abgedeckt werden kann.

Ein einfaches Beispiel für den Test einer logischen Verzweigung ist in Abb. 3.6 aufgezeigt.

Das Tool, welches für die symbolische Ausführung eingesetzt wird, besteht aus zwei Komponenten (s. Abb. 3.7):

- program analyzer und
- constraint solver.

Der program analyzer führt das Programm aus, während der constraint solver feststellt, welche konkreten Input Variablen erlaubt sind. Ziel in unserem Falle ist es, festzustellen, bei welchem Wert für eine symbolische Input Variable sich ein Programm beendet (constraint).

Statt eines numerischen Inputs wird das Symbol „Z" durch den program analyzer eingesetzt. In dem Folgebefehl erhalten wir als Zwischenergebnis „3Z". Danach folgt eine Verzweigung je nach berechnetem Ergebnis aus dem vorhergehenden Befehl. Der analyzer ermittelt nun, dass

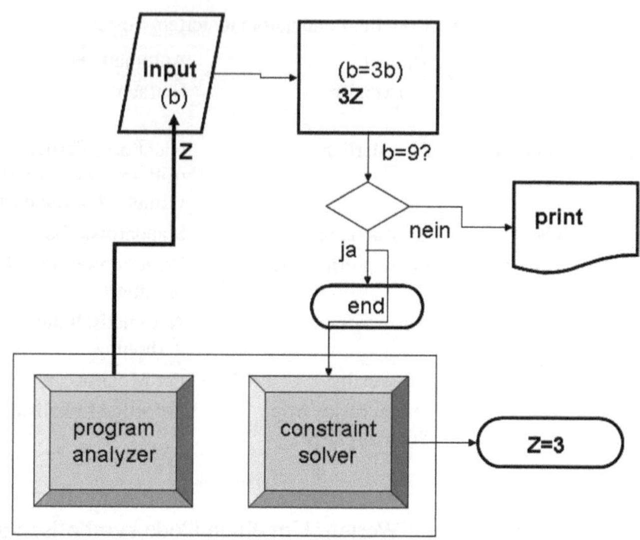

Abb. 3.6 Beispiel SE

Abb. 3.7 SE-Tool

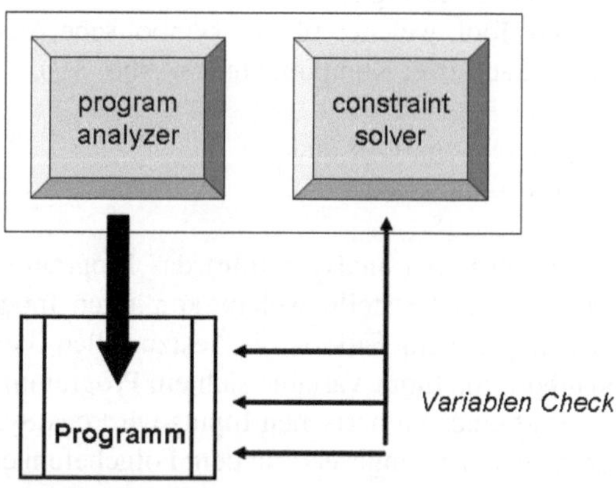

sich das Programm bei einem Wert für b = 9 beendet, ansonsten b ausdruckt. Daraus schließt der constraint solver, dass der Programmabbruch für einen Wert von Z = 3 erfolgt.

SE untersucht also, ob und – wenn ja – ein Code mit welchen Werten befriedigt werden kann. Oder umgekehrt: für welche Werte das nicht zutrifft. Außerdem erfolgt für die unterschiedlichen Pfade ein Fehlercheck.

Andererseits ist SE nicht unproblematisch. So gibt es eine Reihe von Beschränkungen, die beachtet werden müssen:

- Große Programme:
  Die Anzahl möglicher Pfade in einem Programm wächst exponentiell mit der Größe des Codes.
- Schleifen:
  Für bestimmte Schleifen wächst die Anzahl möglicher Pfade ins Unendliche.
- Wirtschaftlichkeit:
  Wenn bestimmte Pfade nur von wenigen unterschiedlichen Input-Werten genutzt werden, kann man sich SE schenken und direkt mit der begrenzten Anzahl Variablen auf klassische Weise testen.

3.4.1   Herausforderungen und Lösungswege

- Pfad-Explosion
  Lösungswege:
  - heuristischer Ansatz: willkürliche Pfadauswahl,
  - Pfad-Priorisierung,
  - paralleles Ausführen von Programmteilen,
  - Mischung aus symbolischem Ansatz und Ansatz mit konkreten Daten.
- Constraint Solver Limitierung: diese kann verursacht werden durch:
  - nicht-lineare Funktionen,
  - Bibliotheksaufrufe,
  - nicht-entscheidbare Bedingungen.
  Lösungswege:
  - Ausschließen von irrelevanten Nebenpfaden, wenn das Ergebnis des aktuellen Pfades davon nicht beeinflusst wird.

- Stufenweises Vorgehen unter Ausnutzung bereist vorhandener Lösungen aus vorhergehenden Schritten.
- Iteratives bzw. näherungsweises Vorgehen.
- Datenabhängigkeit: die Ausführung bestimmter Programmschleifen kann von spezifischem Daten-Input abhängen, damit die Schleife nicht unendlich oft ausgeführt wird.
- PTOP: program-to-program-communication
  Lösungsweg:
  - In diesem Falle müssen die beteiligte Programme parallel getestet werden, wenn z. B. das Ergebnis des einen als Input für das andere dient.
- Externe Programmaufrufe
  Lösungswege:
  - Sind entweder wie Bibliotheksaufrufe oder wie PTOP zu behandeln.
- Arithmetische Operationen: sind grundsätzlich nur bedingt geeignet für SE.

3.4.2 Tools

In der Tab. 3.2 finden Sie einige open source Links für SE Tools. Es ist zu beachten, dass die Tools sprachenabhängig sind bzw. bestimmte Prozessor-Voraussetzungen haben können.

3.5 Search-Based Automated Structural Testing

SBST (Search Based Software Testing) wendet Optimierungsmethoden beim Test von komplexer Software an, für die ein weites Feld und eine massive Kombinatorik von Test-Daten absehbar ist. Dabei kommen diverse Algorithmen zum Einsatz, von denen der am weitesten verbreitete der so genannte genetische Algorithmus ist. Die Methode wurde zuerst Mitte der 70er-Jahre des vergangenen Jahrhunderts eingeführt.

Tab. 3.2 SE Tools

http://klee.github.io/
http://bitblaze.cs.berkeley.edu/fuzzball.html
http://babelfish.arc.nasa.gov/trac/jpf
https://github.com/osl/jcute
https://github.com/ksen007/janala2
http://www.key-project.org/
http://dslab.epfl.ch/proj/s2e
https://github.com/codelion/pathgrind
https://bitbucket.org/khooyp/otter/overview
https://github.com/SRA-SiliconValley/jalangi
http://www.cs.ubc.ca/labs/isd/Projects/Kite/
https://github.com/feliam/pysymemu/
https://github.com/JonathanSalwan/Triton

3.5.1   Genetischer Algorithmus

Genetische Algorithmen leiten sich aus der Evolutionstheorie her. Im Grunde handelt es sich dabei um ein Optimierungsverfahren. Der gesamte Datenraum von möglichen Input-Daten wird abgetastet, um die bestmöglichen zu finden (Abb. 3.8).

Die wichtigsten Bestandteile eines genetischen Algorithmus sind:

- Lösungskandidaten: erste Generation,
- Fitnessfunktion: Bewertung der Lösungskandidaten,
- Vererbung: nächste Generation,
- Mutation: willkürliche Änderung der Nachfahren,
- Rekombination: Kombination bestimmter Kandidaten.

Man beginnt mit einer Menge willkürlich gewählter Inputs. Der Algorithmus erzeugt daraus eine neue Generation von Input-Daten unter Zuhilfenahme von Mutationen usw. Schließlich entscheidet eine Fitnessfunktion über die optimale erste Generation von Test-Daten – also denjenigen, welchem dem Test-Ziel am ehesten entgegenkommt. Letztendlich geht es um die Optimierung von Datenqualität.

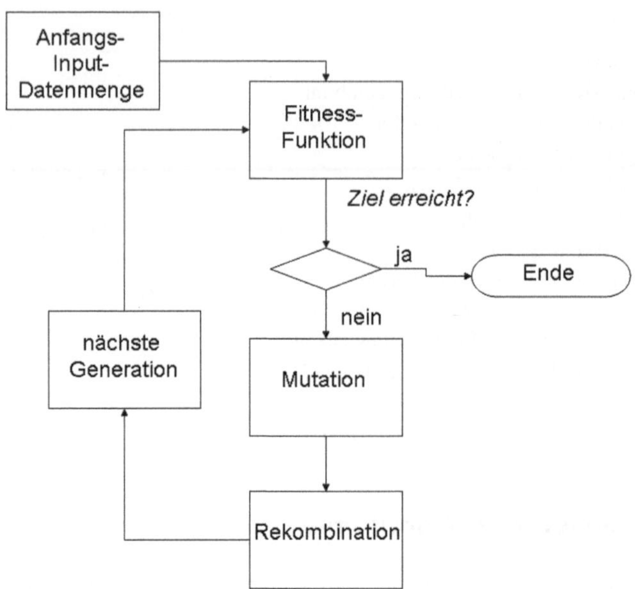

Abb. 3.8 Evolutionärer Algorithmus

3.5.2 Grenzen

- Unmöglicher Input
  Dabei kann es sich um Test-Fälle handeln, die in der Praxis niemals
  vorkommen.
- Suchlängen
  In evolutionären Algorithmen besteht die Gefahr, dass immer neue
  Generationen erzeugt werden, wenn dem nicht eine Grenze gesetzt
  wird (Abbruchkriterium). Diese Grenze ist in diesem Falle jedoch
  willkürlich und nicht durch ein Optimum bestimmt, welches durch
  die Fitnessfunktion entschieden wird.
- Parametrisierung
  Der Algorithmus muss parametrisiert werden (z. B. Umfang des In-
  put-Satzes, Mutationsrate etc.). Die Parametrisierung hat Einfluss auf
  die Optimierung.

- Lokale Optima
  Es kann sein, dass der Suchalgorithmus vorschnell ein lokales Optimum in irgendeinem Teil einer Software findet und dann anhält. Dieses Optimum ist aber nicht notwendigerweise auch das globale, sodass dieses Ergebnis irreführend ist.
- Umgebungsprobleme
  Der Code ist kein in sich geschlossenes Objekt, sondern interagiert mit einer Datenbasis, mit Usern, innerhalb eines Netzwerkes etc. Diese gesamte Umgebung hat natürlich ebenso Einfluss auf das Verhalten eines Programms. Die Ergebnisse des evolutionären Algorithmus sind in diesem Zusammenhang zu bewerten.

3.6 Kombination von SE und SBST

Wir haben gesehen, dass sowohl SE als auch SBST gewisse Vorteile mit sich bringen, aber auch Limitierungen. Die Frage, die sich stellt, ist: kann man beide Ansätze kombinieren, um so zu besseren und effizienteren Test-Ergebnissen zu kommen? Dagegen ist zu sagen, dass die beiden Verfahren jeweils auf völlig verschiedenen theoretischen Gebäuden aufbauen. Meistens analysiert man das Test-Problem vorher und entscheidet dann über eine von den beiden Methoden.

Dennoch gibt es in den letzten Jahren Bemühungen, die Schwächen des einen Ansatzes durch die Stärken des jeweils anderen zu kompensieren. Dabei werden unterschiedliche Wege ausprobiert. Man kann grundsätzlich davon ausgehen, dass eine ganze Reihe von Parametern untersucht werden muss:

- Wie sieht die technische Integration aus?
- Wann wird welche Methode angewandt?
- Wie viele Ressourcen kann man jeder Methode zuordnen?

An dieser Stelle seien nur zwei Stoßrichtungen erwähnt, mit denen man das Problem angehen kann:

1. Hintereinanderschaltung von vorhandenen genetischen Algorithmen und SE. In diesem Fall findet das SE Tool Bedingungen für die Ergebnisse von SBST.

2. Einsatz von SE als Mutations-Operator. Andererseits kann man umgekehrt auch die Fitnessfunktion als Messlatte während eines SE-Prozesses anwenden.

Es gibt einige Tools, die sich auf eine Kombination der beiden Methoden spezialisiert haben. Dazu gehören:

- Evacon,
- CORAL,
- PEX,
- Evosuite.

3.7 Fazit

Automatisiertes Testen birgt gewisse Vorteile gegenüber manuellem. Zwei der wichtigsten Methoden (SE und SBST) wurden von ihrer Philosophie her vorgestellt. Beide Methoden unterstützen eine Reihe von Programmiersprachen. Für die Anwendung dieser Methoden stehen neben kommerziellen auch open source Tools zur Verfügung. Bei der Analyse von konkreten Test-Vorhaben müssen allerdings die erwähnten Einschränkungen sorgfältig geprüft werden, bevor man sich für eine bestimmte Test-Strategie entscheidet.

Literatur

Verwendete Literatur
1. Papadhopulli, I., und N. Frasheri. 2015. Today´s Challenges of Symbolic Execution and Search Based Algorithms for Automated Structural Testing. *Open Journal of Communications and Software.*

Weiterführende Literatur
2. Osterhage, W. 2015. *Windows-Kompendium, AL-34.* Kissing: WEKA Fachverlag.

Erhaltungszahlen: ein neuer Ansatz in Soft Computing

4

4.1 Einleitung

In diesem Kapitel wird gezeigt, dass ein mathematisches Ergebnis, bezogen auf seine Nützlichkeit im Rechenumfeld eines Computers, sowohl vom Typ einer mathematischen Operation selbst als auch von der relativen Größe der Input-Parameter (deren Wert) abhängt. Um die Bedeutung dieser Annahme zu illustrieren, wird das Konzept der „Erhaltungszahlen" eingeführt. Erhaltungszahlen sind nützlich, um jede Art von numerischen Operationen in drei unterschiedliche Kategorien zu klassifizieren – in Abhängigkeit vom Typ einer Operation und der relativen Größe des numerischen Inputs.

Die Formulierung des Theorems von den Erhaltungszahlen führt direkt zum Konzept arithmetischer Effizienz. Effizienz bezieht sich auf den Typ einer Operation und seinen Input. Es gibt Beziehungen zwischen der Effizienz einer einzelnen numerischen Operation und ganzen Operationssequenzen. Sowohl Effizienz als auch Genauigkeit werden formalisiert und zueinander in Beziehung gesetzt. Daraus ergibt sich die Auswahl von Erhaltungszahlen. Es werden einige praktische Beispiele aufgezeigt, um das Konzept zu illustrieren. Und schließlich wird das Theorem von den Erhaltungszahlen als neuer Ansatz der Verneinung des „tertium non datur" in logischen Systemen vorgestellt.

Sowohl arithmetische Effizienz und das Genauigkeitstheorem als auch die Verneinung des tertium non datur bieten Potentiale für die Opti-

© Springer-Verlag Berlin Heidelberg 2016

W. W. Osterhage, *Mathematische Algorithmen und Computer-Performance kompakt*, IT kompakt, DOI 10.1007/978-3-662-47448-8_4

mierung von Anwendungen und Systemen: erstere, um den Durchsatz technisch-wissenschaftlich hoch-komplexer Programme zu beschleunigen, letztere als Basis für fuzzy-ähnliche Logiken beim Design von System-Architekturen oder Chips.

4.2   Berechnungen und Beobachtungen

Klassische mathematische Berechnungsverfahren sollen praktikable, exakte und eindeutige Ergebnisse erzeugen, die auf Regeln basieren, die innerhalb eines bestimmten axiomatischen Systems relevant sind. Mit der Einführung der fuzzy logic verwischte sich sozusagen dieses Bild etwas. Von da an bestand der Sinn einer Operation nicht so sehr darin, ein eindeutiges Ergebnis zu erhalten, sondern eines, welches später ausreichen würde, einen Teil einer Wirklichkeit zu beschreiben.

In der Physik unterscheidet man zwischen Theorie und Experiment, also zwischen berechneten und beobachteten Ergebnissen. Beobachtung hat in der Mathematik offensichtlich keinen Platz mit vielleicht der einen Ausnahme der Statistik. Aber es gibt nichts, was uns daran hindern sollte, den Effekt mathematischer Operationen bezogen auf die numerischen Werte, die sie beeinflussen, zu untersuchen. In diesem Sinne findet die „Beobachtung" weder auf einzelne Operationen oder einzelne Werte, sonder auf die Kombination beider statt.

Sei Z irgendein mathematischer Operator (wie z. B. +, sin, ln etc.) und p irgendeine Zahl, dann ist die Entität unseres Interesses [Zp]. Unsere Beobachtung folgt der Änderung des ursprünglichen Input-Wertes p durch die Operation Z – die Input-„Historie". In diesem Sinne könnte man Z als ein Experiment verstehen, das an einer bestimmten Input-Quantität ausgeführt wird, und das berechnete Ergebnis wäre dann der Output dieses bestimmten mathematischen Experiments, welches ausgeführt worden ist. Indem wir annehmen, dass der Input-Wert Informationen mit sich führt (sein absoluter Wert, sein Vorzeichen etc.), dann sagt uns unsere Beobachtung, was von dieser ursprünglichen Information nach der Operation noch übrig geblieben ist: wurde diese Information auf irgendeine Weise erhalten, wurde sie nur geringfügig verändert oder ging sie vollständig verloren?

Tab. 4.1 Kategorisierung für Addition und Subtraktion

Kombination	Kategorisierung		
	n_-	n	n_+
$n_- + - n$	2	0	0
$n_- + - n_+$	2	0	0
$n_- + - n_-$	1	0	0
$n + - n$	0	1	0
$n + - n_+$	0	2	0
$n_+ + - n_+$	0	0	1

Das kann man an folgendem Beispiel erläutern:

Man stelle sich drei Zahlen vor, von denen die eine sehr klein ist (z. B. 10^{-10}) (n_-), eine andere mit mittlerer „Reichweite" (zwischen 1 und 100) (n) und eine dritte sehr große (z. B. 10^{10}) (n_+). In diesem Gedankenexperiment soll die Größenordnungsverteilung relativ gleichmäßig sein, um die argumentative Rechtfertigung für eine Zweigruppenaufteilung in eine einzelne extreme Zahl und zwei nahe beieinander liegende Gegenstücke auszuschließen. In unserem Beispiel wollen wir anfänglich nur Addition (Subtraktion) und Multiplikation (Division) betrachten. Das führt für jede Operation zu sechs möglichen Kombinationen. Wir werden die Ergebnisse der Operationen kategorisieren. Wir werden einer Operation „0" zuordnen, wenn keine spürbare Änderung beobachtet wird, „1", wenn eine deutliche Änderung stattgefunden hat, und „2" für eine vollständige Änderung der Größenordnung. Die Kombinationen und ihre Effekte sind in der Tab. 4.1 dargestellt.

Nimmt eine Zahl nicht an einer Operation teil, bekommt sie eine „0". Die Tab. 4.2 zeigt das Gleiche für Multiplikation und Division.

Tab. 4.2 Kategorisierung für Multiplikation und Division

Kombination	Kategorisierung		
	n_-	n	n_+
n_- x/ n	1	2	0
n_- x/ n_+	2	0	2
n_- x/ n_-	2	0	0
n x/ n	0	1	0
n x/ n_+	0	2	1
n_+ x/ n_+	0	0	2

4.3 Die Wirtschaftlichkeit von Berechnungen

Es gibt viele Anwendungen in der Wissenschaft und Technik, die ihre Ergebnisse nicht durch eine Verkettung rein analytischer mathematischer Operationen gewinnen können. In der Praxis sind oft nicht alle erforderlichen Input-Informationen vorhanden, oder die Operationen selbst erfordern eine unverhältnismäßig hohe Computer-Leistung, oder es gibt keine arithmetischen Lösungen. Das hat zur Einführung der fuzzy Funktionen [1] und fuzzy sets [2] geführt.

Andererseits ist für numerische Berechnungen eine Anzahl von Algorithmen entwickelt worden, um die genannten Probleme auf andere Weise zu lösen, z. b. durch die Anfangswert-Methode, Taylor-Reihen und das Runge-Kutta-Verfahren [3]. Die Herausforderung in diesen Ansätzen für reale Berechnungen liegt in der Optimierung der notwendigen Rechenschritte, um einen Kompromiss zu finden zwischen genauen Ergebnissen und der dafür erforderlichen Computer-Leistung.

Um zum Überblick des vorhergehenden Abschnitts zurück zu kommen: offensichtlich gibt es einige [Zp], die wirtschaftlicher als andere sind, in Abhängigkeit von einer konkreten Kombination Z mit p. Das führt uns zu drei Fragen in Bezug auf praktische numerische Anwendungen:

1. Besteht die Möglichkeit, Berechnungsketten dahin gehend wirtschaftlicher zu gestalten, indem man bestimmte Rechenschritte auslässt?
2. Was wäre eine brauchbare Basis, um dieses Ziel zu erreichen?
3. Wie könnte man eine solche Basis formalisieren?

4.4 Erhaltungszahlen

Um die Fragen am Ende des vorherigen Abschnitts zu beantworten, führen wir einen neuen Begriff ein – den der „Erhaltungszahl" mit den möglichen Werten $\{0,1,2\}$. Mit einer solchen Erhaltungszahl P_i verhält es sich ganz ähnlich wie mit einer Quantenzahl in der Atom- oder Kernphysik: sie beschreibt einen Zustand und nicht einen berechneten oder beobachteten Wert. Jedoch – wie später gezeigt wird – folgt die Logik unter ihnen auch einer besonderen Arithmetik.

Ganz in Übereinstimmung mit der Kategorisierung in dem Beispiel in Abschn. 4.2 bekommt die Erhaltungszahl den Wert „0" für eine Operation, die keine signifikante Änderung hervorruft, „1" für eine Änderung innerhalb der bestehenden Größenordnung und „2", wenn sich die Größenordnung vollständig ändert.

Eine Erhaltungszahl sagt also etwas aus über eine spezifische mathematische Operation im Zusammenhang mit bestimmten Größenordnungen und über die Wirtschaftlichkeit einer bestimmten Operation [Zp], über Informationsverlust oder Veränderung während eines Berechnungs-Prozesses.

4.5 Definitionen

Für unsere weiteren Betrachtungen wollen wir zwei Begriffe definieren, die für die Formalisierung der Erhaltungszahlen nützlich sein werden: Genauigkeit und Effizienz.

4.5.1 Genauigkeit

Der Begriff „Genauigkeit" ist weit verbreitet in der Statistik [4–6] und wird in technischen und wissenschaftlichen Messungen verwendet. In unserem Zusammenhang jedoch wird vorgeschlagen, ihn in ähnlicher Weise auf die Ergebnisse mathematischer Berechnungen anzuwenden. Man hätte auch den Begriff „Präzision" nehmen können. Allerdings wäre der Begriff „Präzision" irreführend gewesen, da Präzision einen wohl definierten Wertebereich innerhalb enger Grenzen festlegen kann, ohne dass alle betrachteten präzisen Ereignisse notwendigerweise überhaupt genau zu sein hätten [7].

Definition
Genauigkeit ist ein Attribut für einen Output-Wert, der die Abweichung Δp_c vom zugehörigen Input-Wert nach einer mathematischen Operation beschreibt. Der Informationsgehalt einer numerischen Entität kann als genau bezeichnet werden, wenn er einer vorgegebenen Referenz entspricht. Die Referenz leitet sich von einem bestimmten mathematischen oder physikalischen System her. Der Genauigkeitswert selbst stellt damit ein Maß für die Abweichung von der Referenz dar.

Seien p_o der in Frage kommende numerischen Output-Wert und p_r die Referenz.

Damit p_o in Bezug zu p_r als genau gilt, muss die Bedingung

$$|p_r - p_o| \leq \Delta p_c \tag{1}$$

erfüllt sein – in unserem Zusammenhang: $p_r = p$.

Die Genauigkeit einer Operation wird dadurch bestimmt, inwiefern die Operation den Informationsgehalt eines numerischen Wertes erhält oder nicht.

Definition
Eine Operation [Zp] ist genau, wenn es im Großen und Ganzen den Input-Wert zu dieser Operation erhält. Sie ist weniger genau, wenn die Information verändert wird (gleiche Größenordnung). Sie ist vollständig ungenau, wenn der Informationsgehalt vollständig verloren geht.

4.5.2 Effizienz

Es gibt nach wie vor Ansätze, die Effizienz mathematischer Modelle und zugehöriger Programmierung zu verbessern [8, 9]. Jedoch liegt die Zielrichtung darin, bestehende Berechnungsverfahren und Modelle selbst zu verbessern, um schnelleren Durchsatz und bessere Performance zu erreichen. Die Evaluierung der Effizienz einer Operation an sich bezogen auf deren Argumente [Zp] ist bisher noch nicht Gegenstand einer Untersuchung gewesen.

Definition
Die Effizienz E ist ein Attribut einer mathematischen Operation als ein Maß, welches die Erhaltung der Genauigkeit derselben Operation bezogen auf den Input beschreibt.

Von den Ingenieurwissenschaften her kommend könnte man E folgendermaßen ausdrücken:

$$E = \text{Output/Input mit } 0 < E < 1 \quad \text{(II. Hauptsatz der Thermodynamik)}.$$

Je näher E an 1 kommt, desto höher ist die Effizienz eines Systems, d. h. desto kleiner ist die Differenz zwischen Input und Output, wobei Output immer kleiner ist als der Input. In unserem Zusammenhang jedoch ist der Input ein numerischer Wert und der Output ein numerischer Wert nach einer Operation [Zp]. Aus diesem Grunde kann E tatsächlich > 1 oder sogar $\gg 1$ werden. Deshalb ist die folgende Definition für unsere Zwecke hilfreich:

$$E = 1 - \frac{|p_0 - p|}{p_0 + p} \tag{2}$$

mit p als Input und p_0 als Output.

Wir sind uns im Klaren darüber, dass diese Definition zwar konform geht mit einer technischen Definition von Effizienz, aber nicht der Anschaulichkeit entspricht, die wahrscheinlich einen Zusammenhang zwischen Effizienz und der Stärke der Auswirkung einer Operation Z auf eine Zahl vermutet.

4.6 Beziehungen

Die folgenden Beziehungen zwischen Genauigkeit, Effizienz und Erhaltungszahlen werden hergestellt, um ein formales Modell bzgl. der Kategorisierung für verschiedene [Zp] zu erhalten.

4.6.1 Genauigkeit und Effizienz

Mit (1) und (2) erhalten wir:

$$E \leq 1 - \frac{\Delta p_c}{p_0 + p} \tag{3}$$

Eine Operation erhält Genauigkeiten, wenn diese Bedingung erfüllt ist; sie wird dann mit der Effizienz E durchgeführt. Die Effizienz einer Berechnung ist wiederum ein Maß für die Genauigkeit derselben Operation bezogen auf die Erhaltung letzterer, was den teilnehmenden numerischen Wert betrifft. Das betrifft alle positiven Zahlen.

Für $p_0 \leq 0$ und für alle reellen Zahlen $\mathbb{R}$ muss die Effizienz-Gleichung folgendermaßen erweitert werden:

$$E = 1 - \frac{||p_0| - |p||}{||p_0| + |p||} \tag{4}$$

4.6.2 Genauigkeit, Effizienz und Erhaltungszahlen

Um unsere Kategorisierung durch Erhaltungszahlen auszudrücken, schlagen wir Folgendes vor:

Für $p \cong p_0$
  $E = 1$: Genauigkeit ist hoch.
  $\Delta p_{c,0} \cong 0$

$$P = 0 \tag{5}$$

Für $p \ll p_0$
   $E = 0$: Genauigkeit ist niedrig.
   $\Delta p_{c,0} \Rightarrow \infty$

$$P = 2 \tag{6}$$

Für $p \neq p_0 < 10\,p$, aber nicht die Bedingung (1) erfüllend:
   $1 < E < 0$ Genauigkeit ist mittel.
   $0 < \Delta p_{c,0} < \infty$

$$P = 1 \tag{7}$$

Diese Definitionen, besonders diejenige für $P = 1$, sind weich und können jederzeit je nach Art der Anwendung angepasst werden. Hier eine Alternative:

Für $1 < E > 0{,}9$ und $\Delta p_{c,0} \leq 0{,}18\,p$

$$P = 0 \tag{8}$$

Für $0{,}5\,|p| < |p_0| < 5\,|p|$

$$P = 1 \tag{9}$$

mit $0{,}9 > E > 0{,}6$ und $0{,}18\,p \leq \Delta p_{c,0} \leq 0{,}5\,p$ und
   $0{,}9 > E > 0{,}3$ und $0{,}18\,p \leq \Delta p_{c,0} \leq 4\,p$

Für $|p_0| > |p|$;
mit $0{,}6 > E > 0$ und $|p_0| < |p|$ und
   $0{,}3 > E > 0$ und $|p_0| > |p|$

$$P = 2 \tag{10}$$

Dadurch wird unsere Definition von oben gekennzeichnet: Effizienz ist ein Maß für die Erhaltung von Genauigkeit, d. h. für die Erhaltung des Informationswertes einer Zahl durch eine Operation – und kein Maß für die Wirkung einer Operation selbst. Tatsächlich führt die Effizienz der Wirkung einer Operation genau zu einer Minderung bezogen auf die Erhaltung des Informationswertes.

4.7 Beispiele

Tab. 8 im Anhang zeigt einige Beispiele mit mathematischen Operationen und deren Effekt bezogen auf den Informationswert numerischer Entitäten in Abhängigkeiten von Werteintervallen (die Werte sind durch Interpolation ermittelt worden aus Tabellen von Bronstein et al. [10]). Die Intervalle sind bestimmt worden über die Effizienzkriterien aus Gl. 5 bis 7.

4.8 Verkettungen

Bis hier haben wir lediglich eine einzelne Operation Z betrachtet. Bei großen numerischen Anwendungen kann jedoch eine lange Folge von Operationen stattfinden. Es gibt offensichtlich Beziehungen zwischen individuellen Operationen mit ihren Effizienzen, Genauigkeiten und Erhaltungszahlen – und zwar bezogen auf eben diese individuellen Operationen innerhalb einer Kette von Operationen, aber auch bezogen auf die komplette Berechnungskette mit ihrer konsolidierten Effizienz, Genauigkeit und Erhaltungszahl. Im Folgenden schlagen wir einige nützliche Definitionen vor, die dazu dienen können, die Erhaltung des Informationsgehalts von solchen kombinierten Operationen zu bewerten.

Sei i die Anzahl von hintereinander folgenden Operationen, dann ist

$$E_m = \frac{\sum\limits_i E_i}{i} \tag{11}$$

die mittlere Effizienz der Verkettung, wobei E_i die jeweils individuelle Effizienz jeder einzelnen Operation ist.

Wenn E_t die gesamte oder totale Effizienz der Verkettung am Ende aller Operationen ist, dann ist

$$\frac{E_t}{E_m} = T \tag{12}$$

die Transparenz der gesamten Operationskette, also das Verhältnis von Gesamteffizienz zur Durchschnittseffizienz.

$$\frac{E_i}{E_m} = E_r \tag{13}$$

mit E_r der relativen inkrementalen Effizienz als Verhältnis der individuellen Effizienz zur Durchschnittseffizienz.

$$\frac{E_i}{E_t} = E_f \tag{14}$$

mit E_f der fraktionellen Effizienz als Verhältnis jeder individuellen Effizienz zur Gesamteffizienz am Ende jeder Berechnungsverkettung.

Diese Definitionen können nützlich sein, wenn man groß angelegte Anwendungen modellieren möchte, um eventuell die Berechnungssequenzen zu modifizieren. Andererseits ist es auch möglich, einer Verkettung selbst eine Erhaltungszahl zuzuweisen.

Nimmt man Operationen mit $P = 0$ wie z. B. die Addition kleiner Zahlenwerte zu einem sehr großen, dann kann man die Operation eigentlich vernachlässigen. Wenn aber innerhalb einer Verkettung Operationen in einer Schleife eines Computerprogramms stattfinden, und die Anzahl der Rechenschritte führt zu einem Ergebnis, welches zu einer Erhaltungszahl von $P = 1$ oder sogar $P = 2$ führt, gilt die Vernachlässigung nicht mehr. Dann haben zwei parallele Prozesse stattgefunden:

- individuelle Abfolgen in inkrementalen Schritten bis der Endwert erreicht wurde und
- eine Abfolge von Sprüngen, jedes Mal wenn ein entsprechendes Kriterium erreicht wurde, das zu einem Übergang von P_i zu P_{i+1} führte.

Wenn $E = \text{const.} = 1$ und anfänglich $P = 0$ und $p = p_0 + n\Delta p$, wobei n irgendeine Anzahl von Rechenschritten bedeutet, dann ist die Effizienz am Sprungpunkt für $p_i \rightarrow p_{i+1}$, die „Sprungeffizienz"

$$E_j = \frac{\big||p_0| - |p_0 + n_j\Delta p|\big|}{\big||p_0| + |p_0 + n_j\Delta p|\big|} \tag{15}$$

mit n_j die Anzahl ausgeführter Rechenschritte.

4.9 Logik

Genauso wie die Fuzzy Theorie ihre eigene Logik gegenüber der Bool-
schen Logik anwendet, gründet auch die Theorie der Erhaltungszahlen
auf ihrer eigenen Logik. Wogegen die Boolsche Logik klar dem Prinzip
„tertium non datur" folgt, d. h. sie nur zwei Wahrheitszustände zulässt
(s. Tab. 4.3 und 4.4), bricht Fuzzy Logik mit dieser Regel, indem sie
eine unbegrenzte Anzahl von Wahrheiten zulässt. Zudem gab es in der
Vergangenheit eine Reihe von Ansätzen, die drei oder mehr dezidierte
Wahrheitszustände einführten [11].

In unserem Falle betrachten wir drei Möglichkeiten von Wahrheit,
wie man es ja bei drei möglichen Erhaltungszahlen erwarten kann (s.
Tab. 4.5). Wahr und falsch sind offensichtlich für $P = 0$ und $P = 2$, während die Bedeutung von $P = 1$ sich ändern kann. Davon ausgehend kann
die Erhaltungszahlarithmetik konstruiert werden (s. Tab. 4.6 und 4.7).

Tab. 4.3 Boolsche Logik (Konjuktion)

$\wedge$	0	1
0	0	0
1	0	1

Tab. 4.4 Boolsche Logik (Disjunktion)

$\vee$	0	1
0	0	1
1	1	1

Tab. 4.5 Logische Werte

Erhaltungszahl	Logischer Wert
0	Wahr
1	Wahr(2)/falsch(0)
2	Falsch

Tab. 4.6 Logische Operation (Konjunktion)

$\wedge$	0	1	2
0	0	0	0
1	0	1	1
2	1	1	2

Tab. 4.7 Logische Operation (Disjunktion)

$\vee$	0	1	2
0	0	1	2
1	1	1	2
2	2	2	2

4.10 Anwendungen

Das vorgestellte Zahlentheorem könnte in verschiedenen Anwendungs-
bereichen zur Geltung kommen. Der wichtigste dabei ist die Optimierung
von rechenintensiven Programmen, also umfangreichen numerischen
Anwendungen. Durch den Einsatz von Rechenfiltern können Computer-
Ressourcen geschont werden. Indem man Anwendungen entsprechend
gestaltet und deren Berechnungsschritte mit Hilfe eines Erhaltungszah-
lenfilters evaluiert, kann man unter Umständen ausgesuchte Berech-
nungsstränge überspringen (s. Abb. 4.1).

Der Funktionsfilter könnte so aufgebaut sein wie in Tab. 4.8 im Anhang. Weiter Anwendungsfelder könnten sein:

- Datenbank-Zugriffsberechnungen,
- Chip-Design unter Verwendung der Erhaltungszahlenlogik.

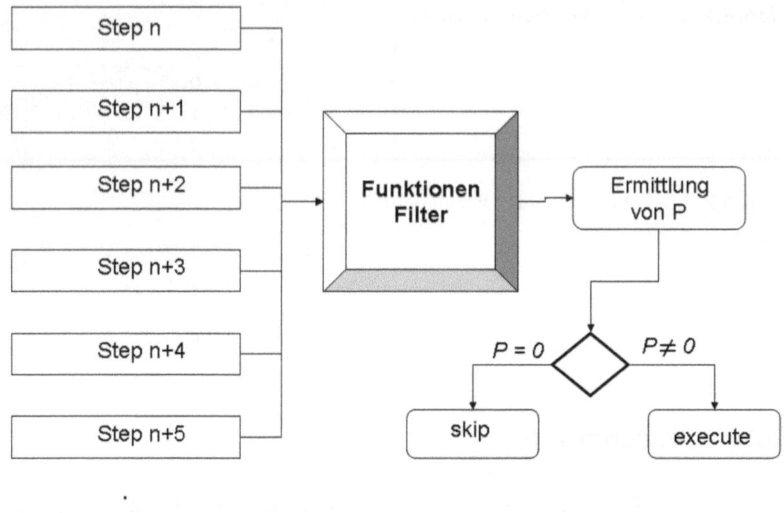

Abb. 4.1 Funktionsfilter

4.11 Nomenklatur

Z   irgendein mathematischer Operator
E   Effizienz
P_i Erhaltungszahl
p   irgendeine Zahl
p_o Output Wert
p_r Referenz Wert
Δp_c Genauigkeit
E_m mittlere Effizienz
T   Transparenz
E_r relative inkrementale Effizienz
E_f fraktionelle Effizienz

A   Anhang

Tab. A.1 Erhaltungszahlen für bestimmte Zahlenbereiche verschiedener Funktionen

Operation	Wertebereich p	Erhaltungszahl P
$\log^{10}$	$p > 1$	2
ln	$p > 100$	2
e	$0{,}11 \leq p \leq 3{,}5$	1
	$p \geq 3{,}5$	2
$\sqrt[2]{}$	$0{,}995 \leq p \leq 1{,}004$	0
	$1{,}004 \leq p < 10$	1
	$p \geq 10$	2
sin	$0{,}52 < p < 1$	1
cos	$0{,}52 < p < 1{,}05$	1
arc	$p = 0$	0
	$p \neq 0$	2
tan	$0{,}52 < p < 1{,}05$	1
cot	$0{,}52 < p < 1{,}05$	1
arctan	$10 > p > 1$	1
	$p > 10$	2
arcsin	(außer für p→0)	1
arccos		1
arcctg	$10 > p > 1$	1
	$p > 10$	2
sh	$4 > p > 1$	1
	$p > 4$	2
th	$1 < p < 10$	1
	$p > 10$	2
Γ	$p = 1$	0
	sonst	1
	$p \geq 1{,}6$	2
Bessel Functions J_0	$p \approx 0{,}8$	0
	$0{,}8 \geq p \geq 0{,}2$	1
	$2{,}0 \geq p \geq 0{,}8$	1
	$p \geq 2{,}0$	2
J_1		2

Tab. A.1 (Fortsetzung)

Operation	Wertebereich p	Erhaltungszahl P
Y_0	$p \leq 0,2$	2
	$0,6 \geq p \geq 0,2$	1
	$p \geq 0,6$	2
Y_1	$p \leq 0,35$	2
	$1,2 \geq p \geq 0,35$	1
	$p \geq 1,2$	2
I_0	$p \leq 0,2$	2
	$4,9 \geq p \geq 0,2$	1
	$p \geq 4,9$	2
I_1	$p \leq 0,4$	2
	$2,5 \geq p \geq 0,4$	1
	$p \approx 2,5$	0
	$5,0 \geq p \geq 2,5$	1
	$p \geq 5,0$	2
K_0	$p \geq 0,3$	2
	$0,9 \geq p \geq 0,3$	1
	$p \geq 0,9$	2
K_1	$p > 1,8$	2
	$0,8 \geq p \geq 1,5$	1
	$p \approx 0,8$	0
	$p \geq 1,5$	2
Legendre Polynome P_2	$p \leq 0,1$	2
	$0,3 \geq p \geq 0,1$	1
	$0,35 \geq p \geq 0,3$	0
	$0,5 \geq p \geq 0,35$	1
	$0,8 \geq p \geq 0,5$	2
	$0,99 \geq p \geq 0,8$	1
	$p \approx 1,0$	0
P_3	$p \leq 0,03$	2
	$0,3 \geq p \geq 0,03$	1
	$0,35 \geq p \geq 0,3$	0
	$0,4 \geq p \geq 0,35$	1
	$0,49 \geq p \geq 0,4$	0
	$0,7 \geq p \geq 0,49$	1
	$0,9 \geq p \geq 0,7$	2
	$0,99 \geq p \geq 0,9$	1
	$p \approx 1,0$	0

Tab. A.1 (Fortsetzung)

Operation	Wertebereich p	Erhaltungszahl P
P_4	$p \leq 0,07$	2
	$0,2 \geq p \geq 0,07$	1
	$p \approx 0,2$	0
	$0,24 \geq p \geq 0,2$	1
	$0,5 \geq p \geq 0,24$	2
	$0,8 \geq p \geq 0,5$	1
	$0,95 \geq p \geq 0,8$	2
	$0,99 \geq p \geq 0,95$	1
	$p \approx 1,0$	0
P_5	$p \leq 0,04$	2
	$0,3 \geq p \geq 0,04$	1
	$0,37 \geq p \geq 0,3$	0
	$0,43 \geq p \geq 0,37$	1
	$0,55 \geq p \geq 0,43$	2
	$0,75 \geq p \geq 0,55$	1
	$0,99 \geq p \geq 0,98$	2
	$p \approx 1,0$	0
P_6	$p \leq 0,06$	2
	$0,16 \geq p \geq 0,06$	1
	$p \approx 0,16$	0
	$0,19 \geq p \geq 0,16$	1
	$0,98 \geq p \geq 0,65$	2
	$0,999 \geq p \geq 0,98$	1
	$p \approx 1,0$	0
P_7	$p \leq 0,03$	2
	$0,26 \geq p \geq 0,03$	1
	$p \approx 0,26$	0
	$0,33 \geq p \geq 0,26$	1
	$0,52 \geq p \geq 0,33$	2
	$0,6 \geq p \geq 0,52$	1
	$0,99 \geq p \geq 0,6$	2
	$p \approx 1,0$	0
!	$2 \geq p \geq 1$	0
	$3 \geq p > 2$	1
	$p > 3$	2

Literatur

1. Mayer, Andreas et al. 1993. *Fuzzy Logic*. München: Addison-Wesley.
2. Klir, George J., und Bo. Yuan. 1995. *Fuzzy Sets and Fuzzy Logic*
3. Butcher, J.C. 1987. *The Numerical Analysis of Ordinary Differential Equations: Runge-Kutta and General Linear Methods*
4. Weisstein, Eric W. "Accuracy", from MathWorld – a Wolfram Web Resource. http://mathworld.com/Accuracy/html
5. Gililisco, Stan, und Norman H. Crowhurst. 2007. *Mastering Technical Mathematics*. Columbus, USA: McGraw-Hill Professional.
6. Taylor, John Robert 1997. An Introduction of Error Analysis: The Study of Uncertainties in Physical Measurements. *Science Books*, S. 128–129.
7. Clamson University, Physics Lab Tutorial: "Accuracy & Precision", Dept. of Physics & Astronomy, South Carolina
8. Schrijver, Alexander 2003. *Combinatorical optimization*. Berlin: Springer.
9. Argyros, Ioannis K. 2000. *Advances in the Efficiency of Computational Methods an Applications*. Singapur: World Scientific Publishing Co..
10. Bronstein et al. 2005. *Taschenbuch der Mathematik*. Frankfurt am Main: Verlag Harri Deutsch.
11. Kreiser, Lothar et al. 1990. *Nicht-klassische Logik*. Berlin: Akademie-Verlag.

Sprungtransformationen

5.1 Einleitung

Zahlenräume sind bekannt aus der Mathematik und Physik (Eulersche Zahlenebene, Hilbert-Raum). Zahlen werden Symbole zugeordnet: 1 für „eins", 15 für „fünfzehn". Symbole stehen für Zahlenwerte. Man kann unterscheiden zwischen Werteräumen und Symbolräumen. In unserem Dezimalsystem decken sich Symbol- und Werteräume. In den in Computern genutzten Zeichen- oder Symbolräumen ist das anders:

Binärsystem mit nur zwei Symbolen 0 und 1:

$$\text{„fünf"} \Rightarrow 101$$

Hexadezimalsystem mit 16 Symbolen:

$$\text{„zwölf"} \Rightarrow C$$

Man nennt solche Zuweisungen auch Transformationen. Der Begriff „Transformation" wird gebraucht, um eine Zahlenumwandlung von einer Dezimalbasis zu einer Nicht-Dezimalbasis oder von irgendeiner Nicht-Dezimalbasis zu einer anderen Nicht-Dezimalbasis zu beschreiben, ähnlich wie die Umwandlung von dezimal nach binär oder hexadezimal. „Sprung"-Transformationen beziehen sich in diesem Zusammenhang auf einen Trigger-Wert, bei dem eine solche Transformation innerhalb ei-

© Springer-Verlag Berlin Heidelberg 2016

W. W. Osterhage, *Mathematische Algorithmen und Computer-Performance kompakt*, IT kompakt, DOI 10.1007/978-3-662-47448-8_5

ner Zahlenfolge geschieht. Die hier diskutierten Transformationen folgen einer Sequenz von Basis-Änderungen innerhalb ein und desselben Transformationstyps in Abhängigkeit von Regeln, die durch den Trigger vorgegeben werden.

Zunächst wird das Konzept der Sprungtransformation selbst erläutert, um dann einen besonderen Transformationstyp vorzustellen, bei dem der Trigger auf einem n-Tupel von Zahlen basiert. Für diese besonderen Transformationen wird eine Reihe von Regeln eingeführt, die zunächst willkürlich erscheinen, tatsächlich auch durch andere ähnliche ersetzt werden könnten. Wie dann später gezeigt wird, würden die Konsequenzen eines modifizierten Ansatzes allerdings dieselben sein. Die Regeln selbst führen zu bestimmten Charakteristika von n-Tupel Triggertransformationen, die sehr harmonisch aussehen, aber logisch zu erklären sind. Danach werden diese Transformationen korrekt formalisiert, wobei man erkennt, dass sie einem zirkulären Algorithmus folgen. Nachdem die zugehörigen grafischen Darstellungen erörtert werden, werden die Beziehungen zwischen Transformationen unterschiedlicher n-Tupel-Trigger untersucht. Diese haben Auswirkungen auf mögliche praktische Anwendungen.

Danach werden die n-Tupel-Trigger durch willkürliche Trigger ersetzt. Das führt zu unterschiedlichen Transformationen, bei denen allerdings einige Chrakteristika erhalten bleiben. Eine weitere Untersuchung betrifft dann die Beziehungen zwischen irgendwelchen Triggertransformationen. Das führt zu weiteren Spekulationen über mögliche Anwendungen.

Die in unserem Kontext interessanteste Anwendung könnte die Architektur von Hauptspeicher-Adressräumen sein, in denen sich überlappende, nicht interferierenden Adressfelder befinden, deren Adressierung über Zahlenräume erfolgt, die bestimmten Transformationen zugeordnet werden. Hinzu kommen noch mögliche andere Anwendungsfelder außerhalb unseres eigentlichen Interessensgebietes, wie z. B. in der Kryptografie. Solche und andere Aspekte werden noch kurz gestreift.

5.2 Sprungtransformationen

In diesem Kapitel bedeutet „Transformation" ein Wechsel der numerischen Präsentation eines Wertes von einer Basis zu einer anderen – genauso wie die Konversion vom Dezimalsystem auf ein binäres. Wie gezeigt werden wird, geht man zunächst von der Dezimalbasis aus, solange, bis ein Trigger aktiv wird, wenn eine vorgegebene Bedingung erreicht wird. Dann wird ein „Sprung" zu einer anderen Basis ausgeführt. Die Konversion zu dieser neuen Basis setzt sich weiter fort, solange, bis eine nächste wohl definierte Bedingung erfüllt ist, auf Grund derer der nächste Sprung zu einer anderen Basis stattfindet und so weiter. Bedingungen und Sprungfolgen sind verbunden durch vorgegebene Regeln und können berechnet werden.

5.3 n-Tupel Transformationen

Der Begriff n-Tupel beschreibt die folgende Art von Zahl:

$$N_n = a_n a_{n-1} a_{n-2} \ldots a_1 a_0, \quad \text{mit} \quad a_n = a_{n-1} = a_{n-2} = \ldots a_1 = a_0,$$

wobei a_i eine einzelne Ziffer zwischen 1 und 8 bedeutet (die Begründung, warum auf 9 verzichtet wird, wird weiter unten klar werden).

Beispiele: 444, 55, 7777 usw.

5.3.1 Definitionen und Regeln

Immer, wenn für eine gegebene Ziffer k zwischen 1 und 8 eine n-Tupel-Konfiguration erreicht wird, sodass

$$N_k = k_n k_{n-1} k_{n-2} \ldots k_1 k_o \quad \text{mit} \quad N_k \geq k_1 k_o = 11\,k, \tag{1}$$

findet eine Größenordnungsänderung – ein Sprung – zu einer (dezimalen) Basis der k_{n+1}en Größenordnung entsprechend $(k+1)^{n-2}(11k+1)$ (dezimal) bzw. 10^n (transformiert) statt.

Tab. 5.1 Korrespondenztabelle

Dezimal	Transformiert
1	1
2	2
…	…
21	21
22	22
23	100
24	101
…	…
44	121
45	122
46	200
47	201
…	…
67	221
68	222
69	1000
70	1001
…	…

Beispiel:

$k = 2$. Die Tab. 5.1 zeigt, was passiert.

Für die weitere Diskussion ist die folgende Definition nützlich:

(a) Ein Sprung wird als „Hauptsprung" bezeichnet, wenn er durch eine Größenordnungsänderung getriggert wird ($22 \rightarrow 100$).
(b) Ein Sprung wird als „Nebensprung" bezeichnet, immer dann, wenn er innerhalb derselben Größenordnung getriggert wird ($122 \rightarrow 200$).

Also, die ersten 22 Zahlen sind dezimal basiert. Nach dem ersten Hauptsprung basiert die Ziffer der nächsten transformierten Zahl auf der Basis 23. Diese Basis wird beibehalten, bis die transformierte Zahl 222 erreicht wird, die auf 1000 getriggert wird, mit Basis für die erste Ziffer 69. Im Ergebnis erhält man eine Zahl, in der jede Ziffer eine andere

Basis besitzt, anwachsend mit der jeweiligen Größenordnung, mit Ausnahme der unteren ersten zwei Ziffern, die dezimal basiert bleiben.

Die oben genannte Regel ist eingeschränkt. Die n-Tupel-Bedingung ist eine geschlossene, d. h. sie wird immer nach vorwärts angewandt von der letzten Ziffer aufwärts. Die Fälle, in denen eine n-Tupel-Folge irgendwo zwischen der ersten und der letzten Ziffer auftaucht, zählen nicht als Sprungkriterien. Dafür gibt es eigentlich keinen Grund. Nur in unseren weiteren Untersuchungen werden sie ausgelassen.

5.3.2   Charakteristika

Die n-Tupel-Transformation zeigt einige interessante Charakteristika. Daraus lassen sich zwei Gesetze ableiten:

1. Wenn die Basis nach dem ersten Sprung von N_k gleich $11k + 1$ ist, dann kann man die nachfolgenden Basen als $(11k + 1)(k + 1)^n$ berechnen, mit $n = 1, \ldots, i$.
   Beispiel für $k = 2$: s. Tab. 5.2.
2. Beziehung zwischen transformierter Größenordnung und $(k + 1)^n$:
   Eine Basis sei $(11k + 1)(k + 1)^n$, mit $n = 1, \ldots, i$, dann ist die korrespondierende transformierte Größenordnung gegeben durch 10^{n+2}.
   Beispiel für $k = 2$: s. Tab. 5.2.

Die Definitionen, Regeln und Charakteristika, die bisher angeführt wurden, sind anwendbar auf jede Ziffer zwischen $1 < k < 9$.

Tab. 5.2 Basis in Abhängigkeit von n

Basis (dezimal)	Transformed	n
23	100	0
69	1000	1
207	10.000	2
…		

5.3.3 Formalisierungen

$$\text{dezimaler Vorlauf: } l_d = 11\,k \tag{2}$$

$$\text{transformierter Vorlauf: } l_t = 11\,k \tag{3}$$

$$\text{dezimale Sprungdifferenz: } S_k^d = (l_d + 1)(k + 1)^n \tag{4}$$

$$\text{transformierte Sprungdifferenz: } S_k^t = k \sum_{j=1}^{n+2} 10^j \tag{5}$$

$$\text{transformierte Sprunghöhe: } h_k^t(S_{k,n}) = 10^{n+1} \tag{6}$$

$$\text{Differenz für Nebensprung: } d_{min} = 11\,k + 1 \tag{7}$$

$$\text{Differenz für Hauptsprung: } d_{ma}j = (11\,k + 1)[(k + 1)^{n+1} - (k + 1)^n] \tag{8}$$

$$\text{Anzahl Nebensprünge zwischen Hauptsprüngen:}$$
$$J_m = (k + 1)^{n+1} - (k + 1)^n \tag{9}$$

$$\text{Sprungbedingung: } Z_j(k, n) + 1 = 10^{n+1}k \tag{10}$$

Die Gesamttransformation folgt einem genesteten Prozess. Das kann man aus der Tab. 5.3 erkennen, wobei J ein Zähler ist.

Tab. 5.3 Genestete Gesamttransformation

	Dezimal $N_d = 0$	Transformiert $N_t = 0$
A	$N_d = N_d + 1 \ldots l_d$	$N_t = N_t + 1 \ldots .l_t$
	$N_d = N_d + 1$	$N_t = 100; J = 1$
	$+1 \ldots l_d$	$+1 \ldots l_t$
	$+11k + 1$	$+100; J = J + 1 < J_m$;
	$\ldots$	$\ldots$
	$N_d = (k + 1)^{n+1}(11\,k + 1) + 1$	$N_d = S_k^t = k \sum_{j=1}^{n+2} 10^j$
		Zurück zu „A" bis n erreicht ist

Anmerkung: eine Funktion, die auf sich selbst angewandt wird, heißt genestete Funktion [1], kurz nest. Wenn

$$f_a = m \sum_n 10^n + 1 \quad \text{dann ist} \quad \text{nest}_1\left[f_a, m \sum_n 10^n, l_t\right],$$

$$\text{und} \quad \text{nest}_2[\text{nest}_1, m, k], \tag{11}$$

$$\text{und} \quad \text{nest}_3[\text{nest}_2, i, n].$$

Wenn

$$f_d = N_d + 1 \quad \text{dann ist} \quad \text{nest}_d[f_d, N_d, z]. \tag{12}$$

Die Transformation kann dann geschrieben werden als:

$$\text{nest}_d[f_d, N_d, z] \Leftrightarrow \text{nest}_3(z)[\text{nest}_2, i, n]. \tag{13}$$

5.3.4 Beispiele

Alle Transformationen zwischen $1 < k \leq 8$ sind berechnet worden bis zu $N_d = 10^6$. Tab. 5.4 beinhaltet die wichtigsten Sprung-Kriterien bis zu den ersten drei Hauptsprüngen inklusive.

Die folgenden Grafiken (Abb. 5.1 bis 5.4) stellen $N_d \rightarrow N_t$ in der Reihenfolge $k = 1$, alle $k = 1 \ldots 8$, $k = 1 \ldots 3$, $k = 6 \ldots 8$ dar.

Tab. 5.4 Sprung-Kriterien für die ersten drei Hauptsprünge

k	n	l = 11k	d_{ma1}	$h_1{}^t$	d_{ma2}	$h_2{}^t$	d_{ma3}	$h_3{}^t$
1	2	11	12	100	24	1000	48	10.000
2	3	22	23	100	69	1000	207	10.000
3	4	33	34	100	136	1000	544	10.000
4	5	44	45	100	225	1000	1125	10.000
5	6	55	56	100	336	1000	2016	10.000
6	7	66	67	100	469	1000	3283	10.000
7	8	77	78	100	624	1000	4992	10.000
8	9	88	89	100	801	1000	7209	10.000

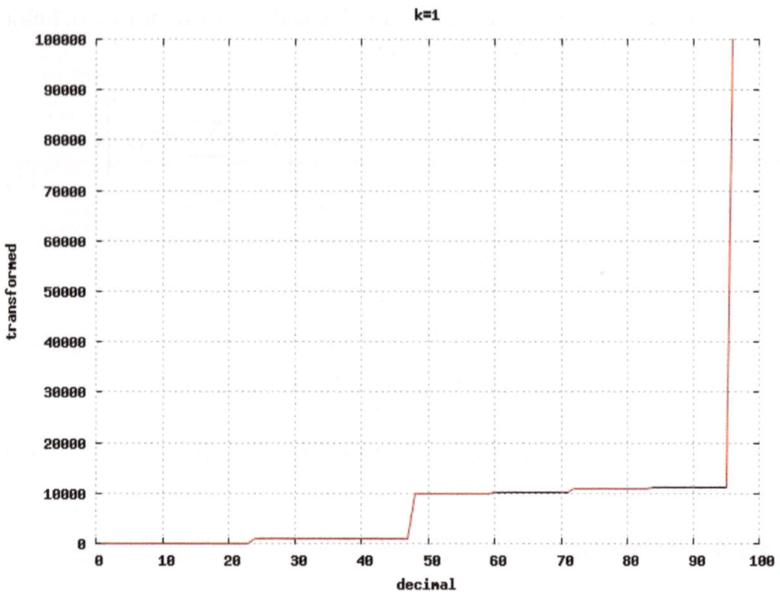

Abb. 5.1 Sprungtransformation für k = 1

5.3.5 Zwischenbeziehungen

Nachdem $N_d \rightarrow N_t$ transformiert wurde, stellt sich die Frage, wie man eine Transformation $N_{ki} \rightarrow N_{kj} \neq_i$ beschreiben kann. Zunächst nehmen wir an, dass m < k ist. Die gesuchte Transformation wäre dann $N_k \rightarrow N_m$. Bis I_m sind beide Transformationen identisch, d. h. dezimal basiert. Danach besteht N_k weiter auf dezimaler Basis bis 11k, wonach die Zahl dann in die übliche Abfolge verfällt. Entsprechend der Transformationsgesetze wird diese Abfolge gegen das Auftreten von k-Tupels geprüft. Man wird sie niemals finden, da jedes m-Tupel immer kleiner sein wird als irgendein korrespondierendes k-Tupel.

Der umgekehrte Fall betrifft $N_m \rightarrow N_k$. N_m fällt in die entsprechende Abfolge nach I_m. Auf diese Weise wird die erste Bedingung für I_k niemals erreicht, und eine direkte Transformation ist unmöglich. Der tiefere Grund dafür liegt in der Tatsache begründet, dass Transforma-

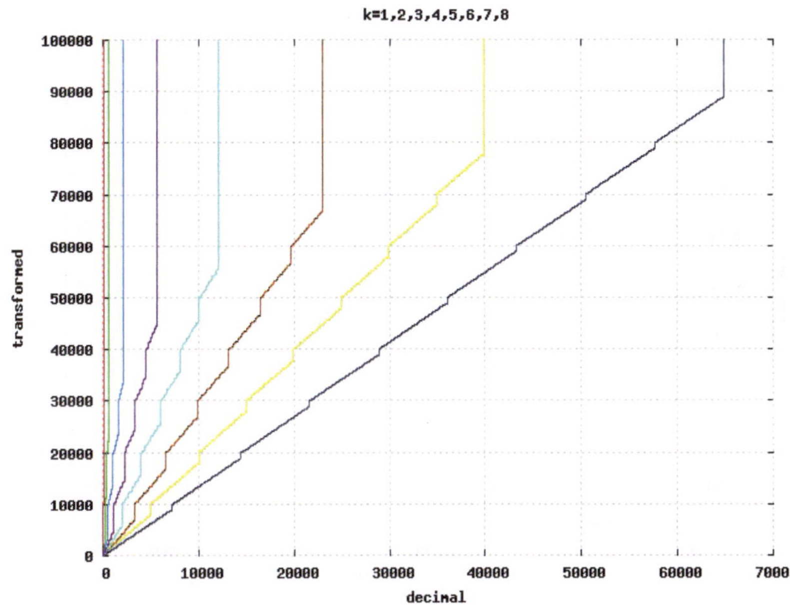

Abb. 5.2 Sprungtransformationen für k = 1 bis 8

tionen stattfinden zwischen numerischen Abbildungen und nicht Werten. Eine indirekte Transformation kann natürlich erreicht werden über einen Zwischenschritt mit Dezimalwerten. Die Tatsache, dass Intertransformationen nicht stattfinden können, eröffnet Möglichkeiten für Anwendungen, die u. a. mit dem Performance-Thema zusammenhängen, wovon später die Rede sein wird.

5.4   Transformationen mit willkürlichen Triggern

Bisher haben wir Sprungtransformationen mit n-Tupel-Triggern untersucht. Im nächsten Schritt werden wir als Sprung-Trigger eine beliebige Folge von Zeichen in einer Zahl definieren, so wie:

$$N_r = a_{rn} a_{rn-1} \ldots a_{ri} \ldots a_{r2} a_{r1}$$

mit wenigstens eine von den $a_{ri} \neq a_{rj} \neq a_i$.

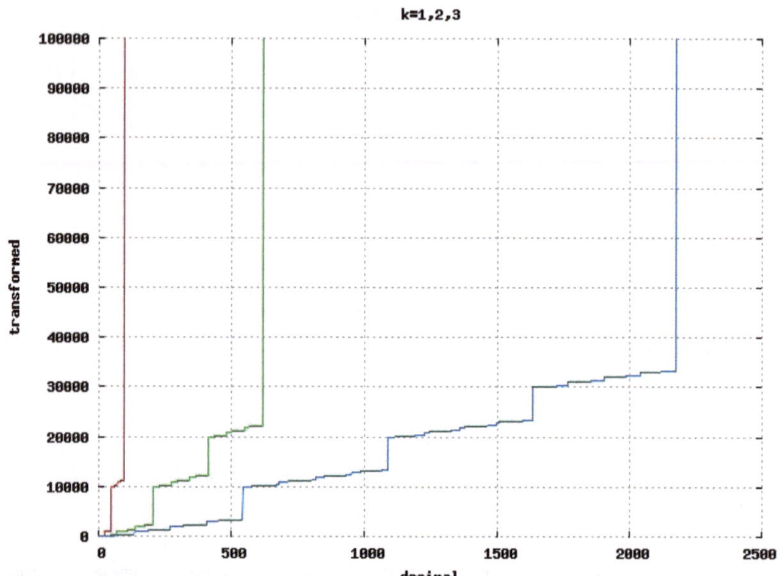

Abb. 5.3 Sprungtransformationen für k = 1 bis 3

5.4.1　Defnitionen und Regeln

Nach dem ersten Auftreten des Triggers findet ein Sprung statt, wie z. B.
in:

$$N_d = a_n a_{n-1} a_{n-2} \ldots a_{rn} a_{rn-1} \ldots a_{ri} \ldots a_{r2} a_{r1}.$$

Der erste Sprung findet statt bei $N_{df} = a_{rn} a_{rn-1} \ldots a_{ri} \ldots a_{r2} a_{r1}$, mit
einer Transformation nach $N_{tr} = 10^{n+1}$ analog zu $I_{d,t}$ für n-Tupels. Danach
folgt eine Reihe von Nebensprüngen mit Vielfachen von N_{tf}, während N_d
I_r-mal für jedes Vielfache von N_{tf} bis zum nächsten Hauptsprung hoch
gezählt wird.

Diese Bedingung wird dargestellt in der Tab. 5.5.

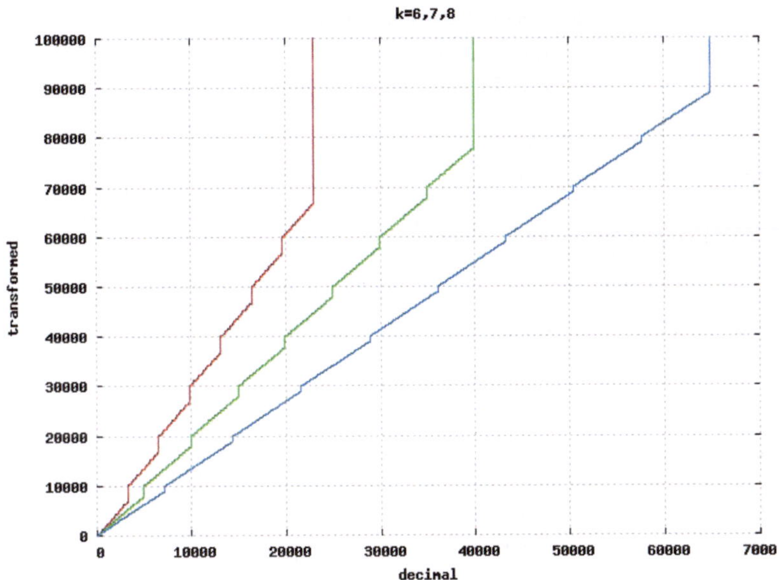

Abb. 5.4 Sprungtransformationen für k = 6 bis 8

Tab. 5.5 Bedingungen für willkürliche Trigger

Variable	Dezimal	Transformiert
Zahl	$r_d = 10^n a_n + 10^{n-1} a_{n-1} \ldots + 10a_1 + a_0 \leq l_r$	$r_t = 10^n a_n + 10^{n-1} a_{n-1} \ldots + 10a_1 + a_0 \leq l_r$
Volauf/Neben-sprung-Diffe-renz	l_r	l_r
Hauptsprung	$\Delta n, n+1 \rightarrow r_n a_n + \left(\text{Mod}\,\frac{r_n}{a_n 10^n}\right) + 1$	$a_n 10^{n+1} + 10\left(\text{Mod}\,\frac{r_n}{a_n 10^n}\right) + 1$

5.4.2 Beispiel

Sei $N_d = 51$. Die Tab. 5.6 zeigt die Entwicklung dieser Transformation.

Die Grafik (Abb. 5.5) zeigt die Ergebnisse. Auf den ersten Blick sieht die Form ähnlich aus wie bei n-Tupel-Transformationen.

Tab. 5.6 Transformationsentwicklung mit Trigger 51

Dezimal	Transformiert
1 … 51	1 … 51
52	100
152	200
+52	300
…	…
+52 ($=5 \times 52 = 260$)	500
261	501
…	…
270	510
271	1000
…	…
540	1510
541	2000
…	…
1408	5100
1409	10.000

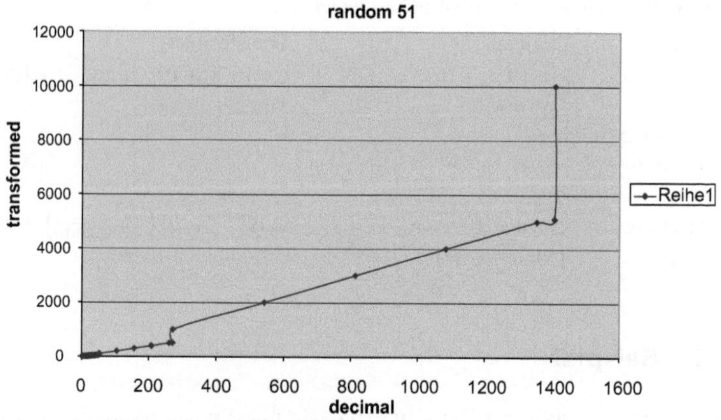

Abb. 5.5 Sprungtransformation mit einem willkürlichen Trigger

5.5 Inter-Transformationen

5.5.1 Beziehungen zwischen zwei willkürlichen Triggern

Es seien N_{r1} und N_{r2} zwei willkürliche Trigger. Die Transformation geschieht von $N_{r1} \rightarrow N_{r2}$. Dann gelten folgende Regeln:

für $N_{r1} < N_{r2}$: eine Transformation ist nicht möglich;
für $N_{r1} > N_{r2}$: es sei $N_{r1} = 10^n a_n + 10^{n-1} a_{n-1} \ldots + 10a_1 + a_0$ und $N_{r2} = 10^i b_i + 10^{i-1} b_{i-1} \ldots + 10b_1 + b_0$

Dann ist eine Transformation $N_{r1} \rightarrow N_{r2}$ nur möglich, falls

$$10^i a_i + 10^{i-1} a_{i-1} + \ldots 10a_1 + a_0 \leq 10^i b_i + 10^{i-1} b_{i-1} + \ldots 10b_1 + b_0 \tag{14}$$

5.5.2 Transformationen zwischen n-Tupel und willkürlichen Triggern

Die Transformation $N_k \rightarrow N_r$ ist möglich unter den folgenden Bedingungen:

$N_k < N_r$

und

$a_{k0} < k$.

Eine Transformation $N_r \rightarrow N_k$ ist nicht möglich.

5.6 Anwendungen

Obwohl es schwierig ist, alle möglichen praktischen Auswirkungen der beschriebenen Transformationen vorher zu sagen, gibt es einige interessante Felder, die sich anbieten. An dieser Stelle möchten wir lediglich einige Möglichkeiten aufzeigen, ohne detaillierte technische Lösungen vorzustellen.

5.6.1 Mengen und Adressräume

Für n-Tupel sei $\mathbf{K}_{k=\{1,8\}} \subset \mathbf{Z}$, dann ist jedes $\mathbf{K}$ unendlich und gleichzeitig geschlossen für ihre Mitglieder mit $\mathbf{K}_{ki} \not\subset \mathbf{K}_{kj \neq i}$.

Im Falle von willkürlichen Zahlen sei $\mathbf{C}_r \subset \{\mathbf{Z} - \mathbf{K}_k\}$ und $c_i \in \mathbf{C}_i$, dann ist $\mathbf{C}_i \not\subset \mathbf{C}_j$, wenn $c_i > c_j$, und $\mathbf{C}_i \subset \mathbf{C}_j$ wenn $c_i < c_j$ und die Bedingung (14) erfüllt ist.

Somit stellen diese Zahlen sowohl für $\mathbf{K}$ und unter bestimmten Bedingungen auch $\mathbf{C}$ unendliche Adressräume dar, die nicht miteinander interferieren. Solche Adressräume könnten genutzt werden, um ein und denselben Speicherbereich in einem Rechner virtuell aufzuteilen (Abb. 5.6). Dadurch ließe sich Speicherbedarf bei vorgegebener Speichergröße optimieren.

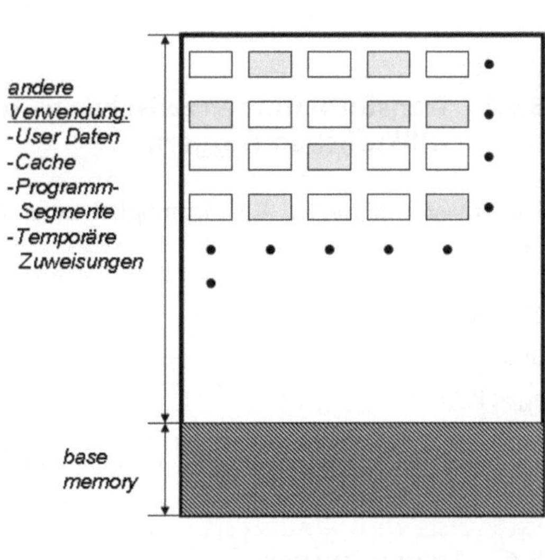

Abb. 5.6 Nicht-interferierende Adressräume

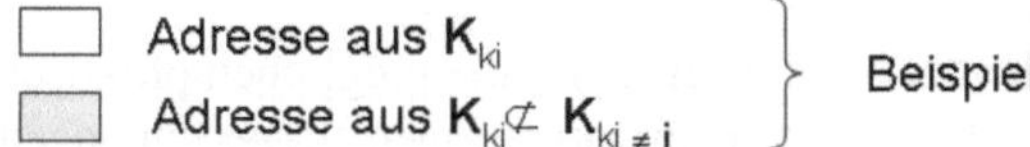

5.6.2 Kryptografie

Eine kryptografische Transformation von Zeichen, z. B. Buchstaben ist möglich über deren Position im Alphabet unter Zuhilfenahme eines Schlüssels $\{k_i, L_i\}$, wobei L_i die Länge einer Transformationsperiode für einen bestimmten Wert von k_i bedeutet. Der komplette Schlüssel würde aus einer Gesamtsequenz von Variationen von L_i und k_i bestehen. Bei Verschlüsselungen unter Verwendung von willkürlichen Triggern würde der Schlüssel den Trigger und das entsprechende L oder die Sequenzen daraus enthalten. Dezimalzahlen ließen sich direkt verschlüsseln, falls sie zu $\mathbf{Z}$ gehören. Im Falle von $\mathbf{Q}$ wäre eine vorhergehende Multiplikation mit 10^m erforderlich. Falls die sich ergebenden Zahlen zu groß werden, könnte auf eine logarithmische Darstellung zurückgegriffen werden.

5.6.3 Computerkunst

Gibt man die Resultate in Microsoft EXCEL © ein, und verarbeitet sie anschließend in verschiedenen Darstellungsarten weiter, so erhält man Grafiken wie in den Abb. 5.7, 5.8 und 5.9: Kreis, Ring, Netz.

5.6.4 Weitere Anwendungsgebiete

Weitere mögliche Kandidaten für die Anwendung der Sprung-Transformationen könnten sein:

- Skalierbarkeit und Selektierung elektromagnetischer Impulse,
- Quantenphysik und Quantenelektrodynamik; Hamiltonian als Transformationssequenz,
- Neurologie und Neurophysik, Epileptologie, künstliche neuronale Netzwerke.

Abb. 5.7 Kreisgrafik für
K = 6

Abb. 5.8 Netzgrafik für
K = 6

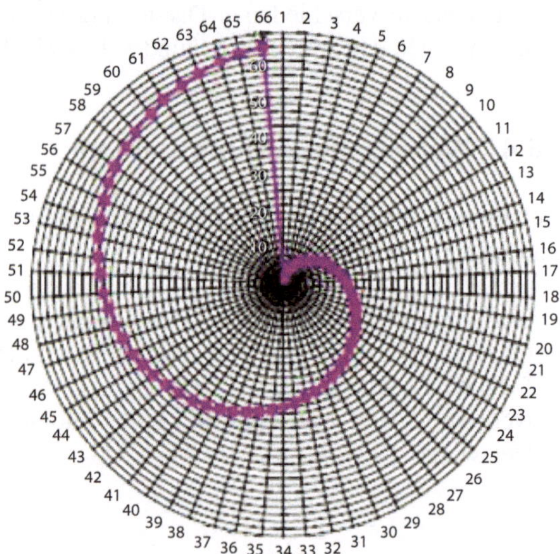

Abb. 5.9 Ringgrafik für
$K = 6$

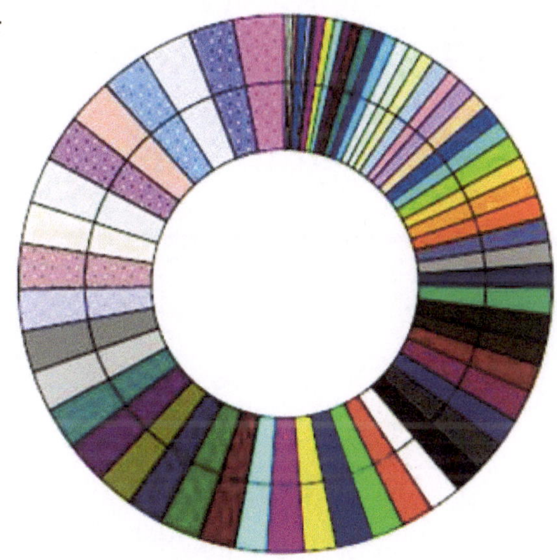

Literatur

1. Mathematica, Wolfram Research, Inc., Champain, Illinois, USA

Sachverzeichnis

© Springer-Verlag Berlin Heidelberg 2016
W. W. Osterhage, *Mathematische Algorithmen und Computer-Performance kompakt*, IT kompakt, DOI 10.1007/978-3-662-47448-8